Questo libro è stato realizzato in LATEX 2e (da TEX che è un sistema tipografico inventato da Donald Ervin Knuth) usando MiKTEX, 2.9.5721-x64 (Christian Schenk) ed uscita in pdfLATEX. L'encoding Unicode UTF-8. La classe report del documento è KOMA-Script, format ClassicThesis (André Miede), i font Euler per la numerazione capitoli ed eulermath e Bera Mono come font a spaziatura fissa. Lo stile si ispira a Robert Bringhurst; libro di riferimento "The Elements of Typographic Style".

La bibliografia è stata realizzata con package bibLATEX banckend biber in style philosophy.

Alcuni packages principali utilizzati: amsmath, amssymb, amsthm, array, biblatex, bm, bookmark, booktabs, caption, comment, csquotes, fontenc, hyperref, graphicx, indentfirst, inputenc, italian babel, listings, makeidx, mparhack, multirow, pdfpages, quoting, relsize, scrhack, setspace, siunitx, subfig, tabularx, textcomp, tikz,varioref.

La maggior parte dei grafici sono stati realizzati con il package pgfplots di Christian Feuersänger che è costruito completamente su TikZ/pgf di Till Tantau, quest'ultimo utilizzato per la parte rimanente.

Salvatore Straface, Ph.D.
Flusso e Trasporto nei Mezzi Porosi Reali

Copertina: Emilio Arnone / Fotolia

ISBN 978-88-88637-77-8 - III Edizione

«Considerate la vostra semenza:
fatti non foste a viver come bruti,
ma per seguir virtute e canoscenza»
(Dante Alighieri, *Inferno Canto XXVI vv. 118-120*)

Dedicato a mia moglie Sonia
e alle mie figlie Mariangela e Mariavittoria.

RINGRAZIAMENTI

Nel momento in cui mando alla stampa tale manoscritto sento l'obbligo di ringraziare le persone che hanno contribuito alla sua stesura. In primis Salvatore Troisi, mio maestro e mentore, che mi ha guidato nei meandri dei mezzi porosi, Emanuele Migliari con cui ho condiviso tale percorso per moltissimi anni, Carmine Fallico, Francesco Chidichimo e Michele De Biase per i loro suggerimenti e contributi.

Non potrei non ringraziare gli studenti del Corso di Idrologia Sotterranea perché è grazie a loro che questi appunti hanno pian piano preso la forma di un libro e vi compaiono meno errori e refusi di quanti ve ne fossero prima.

Infine voglio ringraziare la Sig.ra Adelaide Filidoro per i suoi preziosi consigli nell'uso di LaTeX e nella redazione grafica del libro.

Arcavacata di Rende, Cosenza, settembre 2017
Salvatore Straface

INDICE

ELENCO DELLE FIGURE

ELENCO DELLE TABELLE

1

IL CICLO IDROLOGICO E GLI ACQUIFERI

1.1 INTRODUZIONE

La circolazione dell'acqua alla superficie della Terra o ciclo globale dell'acqua, assicura gli scambi tra la quantità di acqua immagazzinata sotto tre stati, vapore, solido e liquido, in cinque grandi serbatoi. L'idrosfera è costituita da una sottile pellicola d'acqua. Essa coincide con la biosfera, poiché l'acqua è la condizione primordiale della presenza e dello sviluppo della vita.

La riserva d'acqua dell'idrosfera è di 1.390.000.000 km^3, ripartito diversamente in grandi serbatoi di grandezza decrescente [G. Castany, 1984]. Questi, per la loro quantità d'acqua, giocano quattro ruoli regolatori: fisico (termico in particolare), idrodinamico, chimico e biologico. Principale è il serbatoio oceano di 1.340.000.000 km^3 ripartito su 361.000.000 km^2 di superficie: per la circolazione dell'acqua, la omogeneizzazione della temperatura del globo e la potenza dell'evaporazione e perché motore del ciclo dell'acqua. Il serbatoio dei ghiacci delle calotte glaciali, ghiacciai e nevi eterne, rappresenta il 60% delle acque dolci terrestri. Il serbatoio sotterraneo, sui continenti, costituito dagli acquiferi rappresenterebbe il 40% del volume delle acque dolci. Gli idrologi propongono 23.400.000 km^3 con le isole, le stime sono state ridotte a 16.000.000 km^3 per tener conto delle strutture idrogeologiche. Indipendentemente dalle stime il serbatoio sotterraneo costituisce una rilevante quantità d'acqua dolce ben distribuita geograficamente.

Lo spostamento delle particelle d'acqua sotto i due stati principali, vapore e liquido, alla superficie della Terra, costituisce il ciclo globale dell'acqua. Inizia con la trasformazione, ogni anno idrologico medio, di 577.000 km^3 d'acqua in vapore sotto l'azione dell'evaporazione, E. Il vapore acqueo si innalza nell'atmosfera dove si condensa in nuvole, che generano le precipitazioni, P (pioggia, neve, grandine). Il loro volume, di 577.000 km^3/anno, pari a quello dell'evaporazione, equilibra il ciclo globale dell'acqua.

Il ciclo globale dell'acqua si suddivide in due grandi cicli di secondo ordine, oceanico e continentale, che sono in disequilibrio, compensato da interconnessioni complesse. Il ciclo oceanico ha come origine l'evaporazione, E, di 505.000 km^3/anno. Il ritorno tramite le precipitazioni, P, di 458.000 km^3/anno, mette in risalto un eccesso di vapore acqueo di 47.000 km^3/anno. Quest'ultimo, con il passaggio nell'alta atmosfera, raggiunge i continenti.

Il ciclo continentale è alimentato dall'evapotraspirazione, ET, cioè 72.000 km^3/anno e dall'apporto di 47.000 km^3/anno e genera una quantità equivalente di precipitazioni. L'equilibrio, tra i due grandi domini, è stabilito dal deflusso totale naturale medio, QT, dei corsi d'acqua di 43.800 km^3/anno e dall'efflusso occulto di 2.000 km^3/anno di acque sotterranee lungo le rive. A questo totale di 458.000 km^3/anno conviene aggiungere il deflusso nelle isole. Comunque sia, il volume di 47.000 km^3/anno, necessario all'equilibrio, è soddisfatto tenendo conto della precisione delle misure e della complessità degli scambi.

1.2 I SISTEMI IDROLOGICI

Il ciclo dell'acqua è planetario ed è collegato al regime delle precipitazioni. Per eseguire studi idrologici è necessario frazionarlo, convenzionalmente, in domini di spazio ed in tempi accessibili alle osservazioni, esperimentazioni e misure, quindi in sistemi idrologici. Lo studio del ciclo dell'acqua pone i sistemi idrologici nel loro ambiente naturale e permette di analizzare il loro comportamento idrodinamico.

Le valutazioni e le previsioni in idrologia si riferiscono obbligatoriamente ad un sistema idrologico. Un sistema idrologico è un sistema dinamico, sequenza di spazio e di tempo, frazione del ciclo dell'acqua. È dunque identificato da caratteristiche spaziali e temporali. L'identificazione spaziale di un sistema poggia su quattro concetti:

1. dominio di spazio fisico, finito a tre dimensioni, le cui parti sono tutte in collegamento idrodinamico continuo (mezzo continuo). All'interno, le influenze provocate dalle azioni esterne si propagano liberamente. Esse sono di due tipi: tra-

sporto di quantità d'acqua e trasmissione (transfert) di differenze di carichi. Questo dominio è circoscritto da limiti nettamente definiti, che fanno sia da ostacolo a tutte le propagazioni apprezzabili verso l'esterno, sia che permettono scambi quantizzati. Sono le condizioni ai limiti, espresse in termini di portate imposte, entranti o uscenti (condizioni di flusso) o di potenziali imposti (condizioni di potenziale).

2. sede di processi o meccanismi interni, idrodinamici, idrochimici od idrobiologici.

3. sequenza del ciclo dell'acqua, cioè comportante una entrata (impulso), un circuito interno (transfert) ed una uscita (risposta), poiché i limiti ricevono o possono ricevere impulsi ed emettere risposte.

4. variabilità dei dati nello spazio secondo leggi di distribuzioni statistiche.

Lo studio di queste caratteristiche conduce alla presentazione da parte dell'idrologo di un modello concettuale (schema concettuale), base per l'ingegnere idraulico della costruzione di modelli matematici di simulazione dei comportamenti del sistema considerato.

Possono essere circoscritti tre domini di spazi interdipendenti, gli uni dentro gli altri. Essi identificano tre sistemi idrologici, in ordine di grandezza decrescente: i) il bacino idrologico; ii) il bacino idrogeologico o delle acque sotterranee; iii) l'acquifero con la sua falda idrica sotterranea.

Il bacino idrologico è circoscritto da linee di creste topografiche che seguono le sommità dei rilievi (linea di displuvio o spartiacque), delimitanti il bacino di raccolta (o collettore) di un corso d'acqua e dei suoi affluenti. Corrisponde dunque, in superficie, al bacino idrografico. Si ammette che i suoi limiti si sovrappongono, tutt'al più, a quelli del bacino idrogeologico. Queste condizioni generalmente sono realizzate per le grandi unità, dell'ordine da qualche centinaio al migliaio di km². Il bacino idrogeologico è la frazione dello spazio del bacino idrologico situata sotto la superficie del suolo ed è il dominio delle acque sotterranee. Generalmente corrisponde ad un bacino sedimentario. I suoi limiti sono imposti dalla struttura idrogeologica. L'acquifero, identificato dalla geologia, è l'unità di dominio di studio delle acque sotterranee. Il bacino idrogeologico è costituito da uno o più acquiferi.

Tutti i dati relativi ad un sistema considerato devono essere riferiti, secondo lo scopo prefissato, ad una data stabilita oppure ad un'unica durata media determinata. Per esempio, data stabilita per la stesura della carta piezometrica per la taratura di un modello matematico di simulazione idrodinamica in regime permanente; durata media della portata del deflusso totale naturale medio di un bacino idrologico per la valutazione della risorsa idrica totale rinnovabile naturale.

Per ottenere dei risultati significativi, di sicura affidabilità ed estrapolabili, basi delle valutazioni e delle previsioni a medio ed a lungo termine, è necessario disporre di valori medi, generalmente annuali (anno idrologico medio). Le misure devono riferirsi ad un intervallo di tempo (periodo) comune a tutti i parametri del sistema (es: anno idrologico medio 1966–90).

L'elaborazione dei dati deve rispondere a due condizioni imperative: i) periodo idrologico il più lungo possibile, scelto in rapporto alla durata della serie storica delle misure, di dieci anni al minimo; ii) frequenza la più breve possibile, compatibile con quella delle misure: giornaliera, settimanale, mensile o annuale.

Queste due condizioni sono soddisfatte con l'acquisizione di serie cronologiche continue, ottenute per mezzo di apparecchi registratori: pluviografi (precipitazioni), termografi (temperature), limnigrafi (livello idrico dei corsi d'acqua o livello delle falde). Le registrazioni sono allora rispettivamente dei pluviogrammi, dei termogrammi, dei limnigrammi idrometrici e piezometrici.

Le misure variano nel tempo, nel corso di un anno (variazione annuale) e da un anno all'altro (variazione pluriennale), donde la necessità di disporre di valori medi. Per esempio la media aritmetica delle portate misurate ogni giorno del mese di Gennaio ad una stazione di misura su un corso d'acqua, o portata giornaliera, dà la portata media giornaliera del mese di Gennaio dell'anno considerato. La media aritmetica delle portate mensili dei dodici mesi dell'anno, rappresenta la portata media mensile dell'anno considerato. La media aritmetica delle portate mensili di Gennaio di dieci anni consecutivi (anno idrologico medio) è la portata media mensile di Gennaio nel periodo considerato. Quella delle portata medie annuali è la portata media annuale.

Le variazioni delle componenti idrologiche nel corso di un anno civile, non corrispondono a questo periodo. Una sequenza annuale 1967, per esempio, calcolata tra due minimi (magra del corso d'acqua o della superficie piezometrica), inizia nel Novembre 1967 e termina nell'Ottobre 1968. Essa determina l'anno idrologico 1967–68. Nel corso degli anni successivi, i minimi ed i massimi non sono identici, donde la necessità, per ottenere valori significativi, di considerare la media di parecchi anni, dieci come minimo, detta anno idrologico medio.

1.2.1 *Interdipendenza dei sistemi idrologici*

Il bacino idrologico è il dominio unitario del ciclo dell'acqua e delle valutazioni che ne derivano, bilanci, riserve e risorse idriche. Il volume di acqua immagazzinato o in circolazione costituisce una unità dal doppio punto di vista, quantitativo e qualitativo. Il bacino idrologico può essere suddiviso, come si è visto, in sistemi minori senza perdere la propria unità. Le intercomunicazioni tra i sistemi idrologici, contenuti gli uni dentro gli altri, sono schematizzate dai bilanci. Un esempio tipico di queste relazioni è descritto con lo studio del sistema globale acquifero/fiume.

L'identificazione di un acquifero si basa su tre criteri: geologici, idrodinamici ed idrochimici. L'alimentazione, lo stoccaggio ed il deflusso idrico sotterraneo sono imposti, in primo luogo, dalla geologia, base fondamentale della idrogeologia. La geologia identifica, per mezzo di studi stratigrafici e strutturali, le formazioni litostratigrafiche.

Un acquifero è un sistema idrologico ed è, anzitutto, identificato con un dominio di spazio sotterraneo finito e continuo, chiamato serbatoio. Il serbatoio è caratterizzato da tre insiemi di dati:

1. la sua configurazione o sviluppo, che descrive il suo contorno, le sue dimensioni (volume) e la natura dei suoi limiti geologici;

2. la sua localizzazione nel sottosuolo per mezzo della quota e della profondità dei limiti geologici;

3. la sua struttura o anatomia, determinata dalla litologia e dall'analisi strutturale. Tale struttura è identificata attraverso le caratteristiche fisiche (petrologia, granulometria, facies, ecc.), geochimiche (sali solubili) e strutturali (deformazione, fessurazione) dei materiali che costituiscono il serbatoio.

Le caratteristiche geologiche sono variate nel tempo. Il loro studio verte dunque sulla loro genesi e la loro distribuzione nello spazio (variabilità spaziale).

Ne consegue che lo studio idrogeologico, il cui scopo essenziale è l'identificazione degli acquiferi, inizia da quello dei serbatoi. La configurazione e la struttura dei serbatoi sono imposte dalle formazioni litostratigrafiche che determinano le formazioni e le strutture idrogeologiche. Queste sono la base dell'identificazione geologica degli acquiferi. Una formazione litostratigrafica è costituita da un corpo di terreno di natura petrografica omogenea: sabbia, calcare, arenaria, granito, argilla, gesso, ecc. Questa è designata con il nome della regione (o della località) dove è stata osservata e descritta o con un termine di età. La formazione litostratigrafica è identificata da tre insiemi di dati fissi: superfici limiti, localizzazione nel sottosuolo e struttura.

Le superfici limiti del serbatoio, inferiore o substrato, superiore o tetto e laterali (affioramenti, passaggio laterale di facies, faglie) identificano le condizioni ai limiti geologici. Questi limiti fissi non corrispondono necessariamente con quelli delle suddivisioni cronologiche, basate sulla datazione geologica o unità cronostratigrafiche (piano, sottopiano, zone, ecc.). La formazione litostratigrafica è attribuita, in totalità od in parte, a questa unità, a volte a parecchie di loro. I dati numerici sono la superficie e lo spessore che permettono il calcolo del volume del serbatoio. La morfologia delle superfici limiti è rappresentata per mezzo di carte strutturali a curve isoipse (eguale altitudine) e lo spessore per mezzo di carte a curve isopache (eguale spessore).

Per procedere nella identificazione degli acquiferi, il concetto geologico di formazioni litostratigrafiche deve essere completato da dati sull'acqua sotterranea. In effetti, questa è sempre presente indipendentemente dalla natura dei materiali e dalla profondità del giacimento. L'insieme dei dati geologici, idrogeologici ed idrochimici identifica una formazione idrogeologica (hydrogeologic unit degli autori anglosassoni). Una formazione idrogeologica è una formazione litostratigrafica o la loro combinazione, avente funzioni globali nei confronti dello stoccaggio e del deflusso idrico sotterraneo. Si devono considerare tre ordini di grandezza:

1. una formazione idrogeologica che identifica un acquifero, un tetto o un substrato o un semi–permeabile.

2. la combinazione di formazioni idrogeologiche permeabili e semi–permeabili che identificano un acquifero multifalda.

3. la combinazione di numerose formazioni idrogeologiche, che costituiscono una struttura idrogeologica.

La caratteristica essenziale di una formazione idrogeologica è il suo grado di permeabilità. La permeabilità, attitudine di un serbatoio a condurre il deflusso idrico, in condizioni idrodinamiche imposte, permette una classificazione in tre grandi categorie permeabili, impermeabili e semi–permeabili.

I materiali che hanno la proprietà di lasciarsi attraversare dall'acqua a velocità apprezzabili (da qualche metro a migliaia di metri per anno), sotto l'impulso di differenze di altezze o pendenza della falda, chiamate gradienti, sono detti permeabili. Essi costituiscono le formazioni idrogeologiche permeabili, origine esclusiva dei giacimenti idrici sotterranei o acquiferi. Questi sono: le ghiaie, le alluvioni, le sabbie grosse e medie, i calcari fessurati, le rocce vulcaniche fessurate, ecc.

Le velocità di deflusso dell'acqua sotterranea, in alcuni materiali, sono molto basse, praticamente non misurabili (qualche millimetro per anno). Qualificati come impermeabili essi costituiscono le formazioni idrogeologiche impermeabili che impongono i limiti geologici degli acquiferi. Le grandi quantità d'acqua che esse contengono non possono essere sfruttate. Trattasi dei silt, delle argille, delle marne, degli scisti, ecc.

Alcuni materiali come le sabbie molto fini, le sabbie argillose, di bassissima permeabilità, permettono in condizioni idrodinamiche favorevoli, gli scambi verticali ascendenti o discendenti tra acquiferi sovrapposti. Il fenomeno, noto come *leakage* in Gran Bretagna e *drainance* in Francia, è appellabile in italiano come *disper-denza*. Tali materiali costituiscono le formazioni idrogeologiche semi–permeabili. Gli scambi idrici possono raggiungere quantità rilevanti alla scala di un bacino idrogeologico, tenendo conto delle superfici (migliaia di km^2) e delle durate (secoli, millenni). Una struttura idrogeologica, costituita di una alternanza di formazioni idrogeologiche permeabili e semipermeabili, identifica un acquifero multifalda.

1.3   IL BILANCIO IDROLOGICO

Il bilancio idrologico è l'applicazione del principio di conservazione della massa idrica su un dominio spaziale (dominio idrologico) in un intervallo temporale. Il principio di conservazione della massa idrica stabilisce che il flusso di massa entrante nel sistema è pari a quello uscente dal sistema a meno di una variazione di massa nel tempo. Le componenti di questo bilancio, espresse in termini di portate medie, rispettano nella loro valutazione l'unità di spazio e di tempo. Il bilancio idrologico in termini discreti viene espresso matematicamente dalla seguente equazione di continuità:

$$P = E + R + N + A \qquad (1.1)$$

dove: P è la pioggia totale in (mm), E l'evapotraspirazione reale totale (mm), R il ruscellamento (mm), N l'infiltrazione verticale netta (mm) e A la variazione della capacità idrica del terreno (mm). I valori sopraelencati hanno come intervallo temporale di riferimento il mese.

1.3.1   *Evapotraspirazione potenziale reale*

L'emissione di vapore acqueo, o evapotraspirazione, considerata come una perdita dagli idrologi, si verifica in tutti i mezzi. Essa è il risultato di due fenomeni: l'uno fisico, l'evaporazione, l'altro biologico, la traspirazione. L'evaporazione avviene nell'atmosfera, durante le precipitazioni, sulla superficie dei laghi, dei corsi

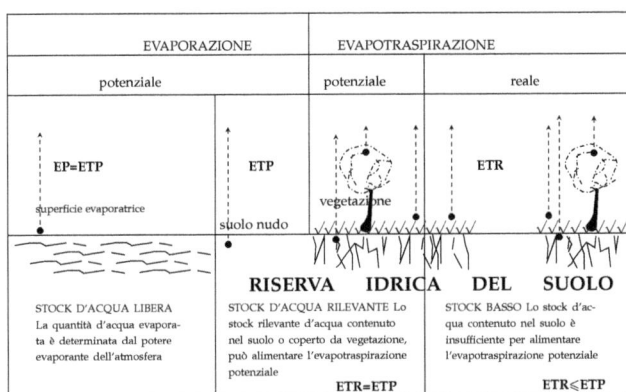

Figura 1.1: Evapotraspirazione potenziale e reale [dopo Castany, 1982].

d'acqua ed anche dal suolo nudo. La traspirazione è il fenomeno dovuto alla copertura vegetale (Figura 1.1).

L'evapotraspirazione nel suolo raggiunge una profondità di qualche metro secondo le sue caratteristiche ed il clima. La quantità d'acqua evaporata da una riserva di acqua libera (corso d'acqua, lago, ecc.), dunque in condizioni di alimentazione eccedente, è l'evaporazione potenziale, che è determinata dalle caratteristiche dell'aria che fissa il potere evaporante dell'atmosfera e della superficie d'acqua libera. Le perdite d'acqua di un suolo sono determinate dalla sua copertura vegetale, dalla sua litologia e dai suoi parametri idrodinamici: permeabilità verticale, umidità, profondità della superficie piezometrica. Una caratteristica rilevante è la quantità d'acqua contenuta nel suolo suscettibile di essere trasformata in vapore. Trattasi della riserva idrica del suolo o capacità di campo C, espressa in millimetri di altezza d'acqua (valore medio: da 100 a 200 mm) [Turc, 1978]

Questa quantità d'acqua è consumata dal potere evaporante dell'atmosfera (evaporazione) e dall'attività biologica (traspirazione), cioè in totale dalla evapotraspirazione potenziale, indicata con E_{tp}.

Sono state stabilite, per la valutazione dell'evapotraspirazione potenziale, alcune espressioni empiriche che introducono i parametri climatici. Le più usate sono quelle di Turc [1978], di Thornthwaite [1948] e Blaney e Criddle [1950] successivamente modificato [Doorebons e Pruitt, 1977].

Metodo di Turc

La formula di Turc, nella sua versione semplificata, consente di valutare l'evapotraspirazione potenziale media mensile basandosi sulla relazione esistente tra quest'ultima ed alcuni elementi climatici quali la temperatura media dell'aria e la radiazione globale media (diretta e diffusa):

$$E_{tp}^i = C \frac{T^i}{T^i + 15}(I_g^i + 50) \tag{1.2}$$

dove: T^i è la temperatura media dell'aria riferita al mese i–esimo, I_g^i la radiazione incidente media di corta lunghezza d'onda riferita al mese i–esimo, e C un coefficiente pari a 0.37 per il mese di Febbraio ed a 0.40 per gli altri mesi dell'anno. Se non si dispone dei valori effettivi della radiazione I_g^i la si può calcolare con la formula seguente:

$$I_g^i = I_{ga}^i \left(0.18 + \frac{0.62h}{H}\right) \tag{1.3}$$

dove: I_{ga}^i è il valore astronomico della radiazione globale corrispondente alla energia che raggiungerebbe il suolo in assenza di atmosfera [Tabella 1.1] h/H l'insolazione relativa, essendo H la durata astronomica del giorno [Tabella 1.2] ed h la durata dell'insolazione misurabile con l'eliofanografo di Campbell–Stokes.

Quando l'umidità relativa dell'aria presenta per il mese i-esimo un valore medio inferiore al 50% è necessario introdurre un termine correttivo per cui si ha:

$$E_{tp}^i = C \frac{T^i}{T^i + 15}(I_g^i + 50)\left(1 + \frac{50 - h}{10}\right) \tag{1.4}$$

Metodo di Thornthwaite

La formula di Thornthwaite [1948] è fondata sulla relazione esistente tra l'evapotraspirazione potenziale e la temperatura media mensile. In idrologia è più utilizzata della precedente di Turc, anche perché i dati termometrici richiesti sono più facilmente reperibili rispetto a quelli della radiazione.

$$E_{tp}^i = K^i \left[16 \left(\frac{10T^i}{I} \right)^a \right] \tag{1.5}$$

dove E_{tp}^i è l'evapotraspirazione potenziale nel mese i–esimo, K^i il coefficiente di correzione di latitudine, riferito al mese i–esimo, pari al rapporto tra le ore diurne e la metà delle ore totali [Tabella 1.3], T^i la temperatura media mensile dell'aria, I l'indice annuo di calore pari a $I = \sum_{i=1}^{12} \left(\frac{T^i}{5} \right)^{1.514}$ e con a si intende un coefficiente che vale $0.49239 + 1.792 \cdot 10^{-2}I - 771 \cdot 10^{-7}I^2 + 675 \cdot 10^{-9}I^3$.

Metodo di Blaney-Criddle

Il metodo di Blaney-Criddle [1950], parte dal calcolo del fattore di consumo d'acqua:

$$f_i = p_i(0.46T^i + 8.13) \tag{1.6}$$

dove f è il fattore di consumo d'acqua mensile, T^i la temperatura media mensile (°C) e p^i la percentuale mensile media di ore diurne.

Tale calcolo, effettuato rispetto al prato considerato come coltura di riferimento, viene operato tramite una relazione algebrica lineare del tipo:

$$E_{to}^i = (a^i f^i - b^i) \tag{1.7}$$

dove i parametri a e b sono funzione di tre grandezze climatiche, ovvero l'intensità del vento, l'umidità minima relativa (H_{min}) e le ore di insolazione nell'arco della giornata (h/H); ciascuna di queste tre grandezze è distribuita su tre intervalli di variazione, combinandole si ottengono nove relazioni. Questo approccio permette di considerare diverse combinazioni, tutte funzioni delle condizioni climatiche della zona in esame.

Nella tabella 1.4 sono riportati i valori di a e b [Doorebons e Pruitt, 1977] in modo tale da poter essere utilizzati nel calcolo. Il valore di E_{to} è espresso in mm/giorno, per poter operare su scala mensile occorre moltiplicarlo per il numero di giorni del mese i–esimo. L'evapotraspirazione potenziale nelle condizioni di richiesta d'acqua "non limitata" (ossia in presenza di un volume potenziale d'acqua necessario a soddisfare i bisogni evapotraspirativi di una zona vegetativa, in modo che la produzione vegetale non sia limitata per carenza idrica), si ottiene tramite la relazione:

$$E^i_{tp} = K^i_c E^i_{to} \qquad (1.8)$$

dove K^i_c è un coefficiente che considera il tipo di coltura presente e lo stato di evoluzione nell'intervallo temporale di riferimento. Seguendo, infatti, la teoria modificata da Doorenbos e Pruitt [1977], rispetto a quella originale di Blaney-Criddle, l'evapotraspirazione dipende notevolmente dal coefficiente colturale, a sua volta influenzato dalle condizioni locali. L'estrema diversità di valori di tale coefficiente riportata nella letteratura tecnica, rende la scelta relativamente difficile; alcuni autori riportano addirittura diversi coefficienti per la medesima coltura in funzione della zona climatica di coltivazione.

Il metodo fornisce risultati imprecisi se si considerano la temperatura media giornaliera e la intensità di irraggiamento solare rilevate in stazioni di misura site ad una certa altitudine.

D'altro canto, com'è noto, la quantità di acqua che evapora dal terreno spesso non è pari all'evapotraspirazione potenziale in quanto questa implica una presenza costante di un terreno completamente saturo, ovvero imbito di acqua fino alla sua capacità di campo. Infatti, la capacità di campo (o capacità idrica del terreno) è definita come il rapporto (adimensionale) fra il peso dell'acqua gravifica contenuta in un campione di terreno e il peso del campione seccato [Benfratello, 1961].

Analogamente a questa definizione, si ha che la capacità di ritenzione idrica del terreno rappresenta la quantità di acqua utilizzabile in un campione unitario del terreno stesso.

Solitamente i terreni vengono suddivisi in classi in base alla massima capacità di ritenzione idrica. Nell'equazione (1.1) si fa riferimento all'evapotraspirazione reale, legata alla effettiva presenza di acqua nel terreno agrario. Sono noti in letteratura i risultati di una serie di studi circa il calcolo dell'evapotraspirazione reale partendo da quella potenziale [Benfratello, 1961; Cavazza, 1981; Melisenda, 1964, 1970].

La procedura proposta mette in relazione, tramite legge esponenziale, due parametri: il primo è il rapporto tra la quantità di acqua presente nel terreno all'istante considerato ed il suo massimo, il secondo, invece, è il rapporto tra il deficit idrologico sempre all'istante considerato, ed il massimo immagazzinamento dell'acqua nel terreno in esame.

È stato sperimentalmente verificato che, per un terreno agrario di medio impasto con capacità idrica di campo di circa 200 mm, il valore dell'esponente è compreso tra 1.25 e 1.75 [Galbiati e Gruppo, 1979].

Questo range è sufficiente per tenere conto del fenomeno dell'essiccamento del terreno superficiale, senza introdurre ulteriore causa di errore anche in considerazione della scala adottata per il bilancio. È chiaro quindi che i valori dei due tipi di evapotraspirazione saranno distinti nella stagione secca e coincidenti in quella piovosa. Le perdite d'acqua di un suolo raggiungono l'evapotraspirazione potenziale se la riserva d'acqua disponibile è superiore o uguale ad essa. In caso di insufficienza esse sono limitate ad una quantità più piccola. Questo limite è l'evapotraspirazione reale, indicata con E_{tr}.

Se la pioggia efficace è superiore dell'evapotraspirazione potenziale, quest'ultima coincide con quella reale. Al contrario se l'apporto meteorico non è in grado di soddisfare la domanda idrica dell'evapotraspirazione questa è pari alla quantità idrica disponibile ad evaporare ovvero:

$$E_{tr} = P + (RI_p - RI_a) - R \qquad (1.9)$$

in cui RI_a rappresenta la riserva idrica del mese in esame, RI_p quella del mese precedente.

1.3.2 Ruscellamento

Studi condotti dall'U.S.D.A. hanno trovato che, affinché ci sia ruscellamento, la pioggia deve essere maggiore del 20% della capacità massima di ritenzione idrica degli strati superficiali del terreno. Tale ipotesi nota in letteratura come *Metodo della curva di Infiltrazione* è basato sull'equazione [Caziani e Cossu, 1985]:

$$R = \frac{(P-I)^2}{P-I+C} \tag{1.10}$$

dove, oltre ai simboli già richiamati, I sono le perdite iniziali (accumulo superficiale, acqua intercettata dalla vegetazione, infiltrazione invernale) e C è la capacità di campo ovvero la massima capacità di immagazzinamento idrico dello strato di terreno agrario. Il valore di I è stato sperimentalmente verificato ed, in buona approssimazione, può essere considerato mediamente pari a 0.2C. La (1.10) diventa allora:

$$R = \frac{(P-0.2C)^2}{P+0.8C} \tag{1.11}$$

Da ciò si può dedurre come sia di importanza rilevante operare una stima corretta delle condizioni di umidità iniziale, attraverso accurate misure tensiometriche.

Alternativamente, il parametro C può essere determinato attraverso il metodo del Curve Number (CN), elaborato sulla base di un sistema di classificazione del suolo in grado di correlare le caratteristiche di drenaggio dei terreni in funzione del tipo di copertura del suolo, del tipo di uso del suolo e delle condizioni antecedenti all'evento:

$$C = \frac{25400}{CN} - 254 \tag{1.12}$$

Le tabelle illustrano i valori di CN in funzione del tipo di terreno.

1.3.3 *La variazione della capacità idrica del terreno*

La capacità idrica del terreno è ben rappresentata da una spugna. Quando una spugna viene imbita d'acqua, essa la trattiene fino a quando le forze in gioco riescono a impedire la percolazione dell'acqua. Allo stesso modo si comporta un normale terreno. L'acqua che non evapotraspira e che non ruscella, si infiltra nel terreno. Se il terreno è arido la prima parte di questa acqua viene utilizzata per ricostruire la Riserva Idrica del terreno. Essa è una scorta d'acqua che verrà utilizzata dalle piante nel periodo in cui le piogge non saranno più in grado di soddisfare il loro fabbisogno idrico. La Riserva Idrica, quindi, cresce durante il periodo delle piogge secondo una relazione del tipo:

$$RI = RI_p + (P - R) - E_{tp} \qquad (1.13)$$

mentre quando la pioggia netta (P-R) è inferiore all'evapotraspirazione potenziale la Riserva Idrica integra la carenza idrica attraverso le scorte messe da parte precedentemente. La legge di esaurimento della RI è:

$$RI = Ce^{-P_{ac}/C} \qquad (1.14)$$

La perdita d'acqua cumulata P_{ac} è una funzione che esiste solo quando si è nella fase di integrazione delle RI essa è retta da una relazione del tipo:

$$P_{ac} = P_{acp} + E_{tp} - (P - R) \qquad (1.15)$$

in cui P_{acp} rappresenta la perdita di acqua cumulata nel mese precedente quello in esame.

Quando la disponibilità idrica supera l'evapotraspirazione potenziale e la Riserva Idrica ha raggiunto la capacità di campo (C) il surplus idrico ricarica la falda acquifera sottostante. In tali condizioni la variazione della capacità idrica (A) è nulla ed il valore dell'infiltrazione verticale netta è dato dalla seguente relazione:

$$N = (P - R) - E_{tp} \qquad (1.16)$$

Infine possiamo conoscere il deficit idrico del terreno inteso come il fabbisogno da somministrare alle piante per una normale crescita. Non è banale notare che tale grandezza è il dato di partenza di un qualsiasi progetto di irrigazione. Il deficit è nullo se la pioggia è superiore alla evapotraspirazione potenziale mentre è pari alla differenza fra la evapotraspirazione potenziale e quella reale in caso contrario.

$$D = E_{tp} - E_{tr} \qquad\qquad (1.17)$$

Tabella 1.1: Valori astronomici della radiazione globale I_{ga}^i, espressi in piccole calorie per cm^2 di superficie orizzontale e per giorno al variare della latitudine.

	36°	37°	38°	39°	40°	41°	42°	43°	44°	45°	46°
Gen	442	407	393	378	364	350	336	321	307	293	279
Feb	547	534	521	508	495	482	468	455	441	428	414
Mar	709	701	691	682	673	662	651	640	629	618	606
Apr	852	847	842	838	833	826	819	812	803	799	792
Mag	946	946	945	945	944	942	939	937	934	932	930
Giu	980	981	982	984	985	985	985	984	984	984	984
Lug	957	957	957	958	958	956	954	952	950	948	946
Ago	871	868	865	861	858	852	846	841	835	829	823
Set	741	733	726	718	710	700	689	679	669	659	648
Ott	858	573	560	548	536	523	510	496	483	470	457
Nov	445	431	418	404	390	376	361	347	332	318	304
Dic	381	367	352	338	323	309	294	280	266	252	237

Tabella 1.2: Valori mensili medi della durata astronomica del giorno al variare della latitudine (H).

	36°	37°	38°	39°	40°	41°	42°	43°	44°	45°	46°
Gen	10.00	9.93	9.86	9.78	9.71	9.60	9.48	9.37	9.26	9.15	9.03
Feb	10.82	10.78	10.73	10.69	10.64	10.58	10.53	10.47	10.41	10.36	10.30
Mar	11.98	11.97	11.97	11.96	11.96	11.95	11.95	11.94	11.94	11.93	11.92
Apr	13.12	13.15	13.19	13.22	13.26	13.31	13.36	13.41	13.46	13.52	13.57
Mag	14.12	14.19	14.25	14.32	14.39	14.50	14.60	14.71	14.82	14.93	15.03
Giu	14.60	14.69	14.78	14.87	14.96	15.10	15.23	15.37	15.50	15.65	15.78
Lug	14.35	14.47	14.51	14.60	14.68	14.80	14.92	15.03	15.15	15.27	15.39
Ago	13.52	13.57	13.62	13.67	13.72	13.80	13.87	13.95	14.03	14.11	14.18
Set	12.42	12.43	12.44	12.45	12.46	12.48	12.49	12.51	12.53	12.55	12.56
Ott	11.27	11.24	11.21	11.18	11.15	11.11	11.07	11.04	11.00	10.96	10.92
Nov	10.27	10.20	10.13	10.07	10.00	9.81	9.82	9.72	9.63	9.54	9.45
Dic	9.73	9.64	9.56	9.47	9.39	9.27	9.14	9.02	8.89	8.77	8.65

Tabella 1.3: Coefficienti mensili di latitudine (K)

	36°	37°	38°	39°	40°	41°	42°	43°	44°	45°	46°
Gen	0.87	0.86	0.85	0.85	0.84	0.83	0.82	0.81	0.81	0.80	0.79
Feb	0.85	0.84	0.84	0.84	0.83	0.83	0.83	0.82	0.82	0.81	0.81
Mar	1.03	1.03	1.03	1.03	1.03	1.03	1.03	1.02	1.02	1.02	1.02
Apr	1.10	1.10	1.10	1.11	1.11	1.11	1.12	1.12	1.13	1.13	1.13
Mag	1.21	1.22	1.23	1.23	1.24	1.25	1.26	1.26	1.27	1.28	1.29
Giu	1.22	1.23	1.24	1.24	1.25	1.26	1.27	1.28	1.29	1.29	1.31
Lug	1.24	1.25	1.25	1.26	1.27	1.27	1.28	1.29	1.30	1.31	1.32
Ago	1.16	1.17	1.17	1.18	1.18	1.19	1.19	1.20	1.20	1.21	1.22
Set	1.03	1.03	1.04	1.04	1.04	1.04	1.04	1.04	1.04	1.04	1.04
Ott	0.97	0.97	0.96	0.96	0.96	0.96	0.95	0.95	0.95	0.94	0.94
Nov	0.86	0.85	0.84	0.84	0.83	0.82	0.82	0.81	0.80	0.79	0.79
Dic	0.84	0.83	0.83	0.82	0.81	0.80	0.79	0.77	0.76	0.75	0.74

Tabella 1.4: Valori dei parametri a e b

Hr min	Vento	h/H	a	b
< 20	0 ÷ 2	0.3 ÷ 0.6	1.578	1.750
		0.6 ÷ 0.8	1.890	1.936
		> 0.8	2.022	1.819
	2 > 5	0.3 ÷ 0.6	1.425	1.824
		0.6 ÷ 0.8	1.644	1.965
		> 0.8	1.785	1.795
	> 5	0.3 ÷ 0.6	1.235	1.758
		0.6 ÷ 0.8	1.438	1.988
		> 0.8	1.598	1.948
20 ÷ 50	0 ÷ 2	0.3 ÷ 0.6	1.345	1.670
		0.6 ÷ 0.8	1.578	1.883
		> 0.8	1.719	1.834
	2 ÷ 5	0.3 ÷ 0.6	1.223	1.600
		0.6 ÷ 0.8	1.451	1.954
		> 0.8	1.571	1.903
	> 5	0.3 ÷ 0.6	1.109	1.658
		0.6 ÷ 0.8	1.309	2.043
		> 0.8	1.440	1.989
> 50	0 ÷ 2	0.3 ÷ 0.6	1.043	1.654
		0.6 ÷ 0.8	1.186	1.544
		> 0.8	1.340	1.841
	2 ÷ 5	0.3 ÷ 0.6	0.966	1.618
		0.6 ÷ 0.8	1.115	1.619
		> 0.8	1.264	1.888
	> 5	0.3 ÷ 0.6	0.903	1.710
		0.6 ÷ 0.8	1.048	1.714
		> 0.8	1.121	1.698

Tabella 1.5: Definizione dei tipi di suoli

GRUPPO A	Suoli aventi scarsa potenzialità di deflusso. Comprende sabbie profonde, con scarsissimo limo ed argilla e ghiaie profonde molto permeabili. Capacità di infiltrazione in condizioni di saturazione molto elevata.
GRUPPO B	Suoli aventi moderata potenzialità di deflusso. Comprende la maggior parte dei suoli sabbiosi meno profondi che nel gruppo A. Elevate capacità di infiltrazione anche in condizioni di saturazione.
GRUPPO C	Suoli aventi potenzialità di deflusso moderatamente alta. Suoli contenenti considerevoli quantità di argilla e colloidi. Scarsa capacità di infiltrazione e saturazione.
GRUPPO D	Potenzialità di deflusso molto elevata. Argille con elevata capacità di rigonfiamento, ma anche suoli sottili con orizzonti pressoché impermeabili in vicinanza della superficie. Scarsissima capacità di infiltrazione e saturazione

Tabella 1.6: Valori di CN in funzione del tipo di suolo e del tipo di copertura (uso del suolo)

Tipo di copertura (uso del suolo)	TIPO DI SUOLO			
	A	B	C	D
TERRENO COLTIVATO				
Senza trattamento di conservazione	72	81	88	91
Con interventi di conservazione	62	71	78	81
TERRENO DA PASCOLO				
Cattive condizioni	68	79	86	89
Buone condizioni	39	61	74	80
PRATERIE				
Buone condizioni	30	58	71	78
TERRENI BOSCOSI FORESTALI				
Terreno sottile, sottobosco povero, senza foglie	45	66	77	83
Sottobosco e copertura buoni	25	55	70	77
SPAZI APERTI, PRATI RASATI, PARCHI				
Buone condizioni con almeno il 75% dell'area con copertura erbosa	39	61	74	80
Condizioni normali, con copertura erbosa intorno al 50%	49	69	79	84
AREE COMMERCIALI (Impermeabilità 85%)	89	92	94	95
DISTRETTI INDUSTRIALI (Imp. 72%)	81	88	91	93
AREE RESIDENZIALI				
Impermeabilità media %	77	85	90	92
65	61	75	83	87
38	57	72	81	86
30	54	70	80	85
25	51	68	79	84
PARCHEGGI IMPERMEABILIZZATI, TETTI	98	98	98	98
STRADE				
Pavimentate con cordoli a fognature	98	98	98	98
Inghiaiate o selciate con buche	76	85	89	91
In terra battuta (non asfaltate)	72	82	87	89

1.4 GLI ACQUIFERI: DEFINIZIONI E PARAMETRI FONDAMEN-TALI

Un acquifero (dal latino aqua = acqua; fero = porto) è una formazione idrogeologica permeabile che permette il deflusso di una falda idrica sotterranea e la captazione di quantità apprezzabili d'acqua con mezzi economici. È paragonabile ad un giacimento minerario o acquedotto naturale, il cui minerale, l'acqua, è più o meno rinnovabile.

L'acquifero è un sistema idrologico, idrodinamico, identificato da cinque insiemi di caratteristiche quantificabili:

1. Un serbatoio, dominio di spazio finito, caratterizzato dalle sue condizioni al contorno e dalle sue dimensioni o configurazione e dalla sua organizzazione interna o struttura. Esso è identificato con una (o una combinazione di) formazione idrogeologica.

2. Alcuni processi interni o meccanismi idrodinamici, idrochimici ed idrobiologici, che determinano tre funzioni del serbatoio nei riguardi dell'acqua sotterranea: stoccaggio, condotta (trasferimento di quantità d'acqua o di energia) e mezzo di scambi geochimici.

3. Una sequenza del ciclo dell'acqua, con alcune interazioni con l'ambiente, che si manifesta per mezzo di tre comportamenti: idrodinamico, idrochimico ed idrobiologico. Questa sequenza è caratterizzata dalla coppia impulso/risposta espressa con una relazione o funzione di trasferimento.

4. La variabilità nello spazio di queste caratteristiche.

5. La variabilità nel tempo delle forzanti idrologiche. Queste ultime, basate su serie storiche, permettono le previsioni.

Il sistema acquifero può essere rappresentato con un modello concettuale, base della modellizzazione. La configurazione o sviluppo dell'acquifero verte sulle sue dimensioni e sulle caratteristiche dei limiti geologici ed idrodinamici o condizioni al contorno.

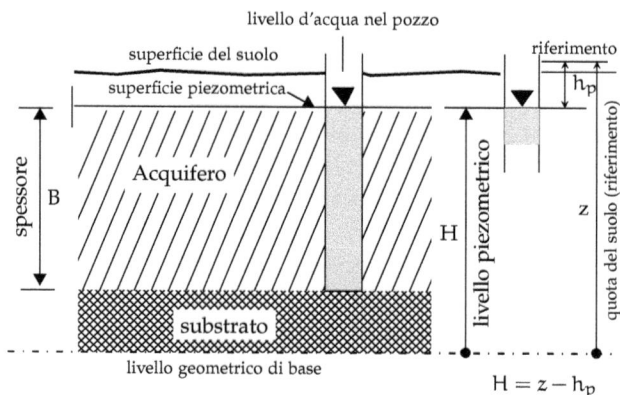

Figura 1.2: Schema di acquifero [dopo Castany, 1982]

La base dell'acquifero, chiamata substrato, è costituita da una formazione idrogeologica impermeabile. Al contrario il suo limite superiore è di tre tipi: i) idrodinamico con fluttuazioni libere: acquifero non confinato o freatico; ii) geologico impermeabile: acquifero confinato; iii) geologico semi-permeabile: acquifero semi-confinato.

1.4.1 *Superficie piezometrica. Tipologia di acquiferi*

I pozzi ed i piezometri del primo acquifero incontrato sotto la superficie del suolo, presentano un livello d'acqua la cui quota è chiamata per convenzione livello piezometrico (Figura 1.2). Spesso questo livello è misurato mediante opere di piccolo diametro, chiamate piezometri. L'insieme dei livelli piezometrici, misurati in differenti punti ad un tempo stabilito, determina la superficie piezometrica. Come le quote del livello del suolo permettono di tracciare la superficie topografica, analogamente la superficie piezometrica è rappresentata con curve di uguale livello piezometrico dette isopieziche. La superficie piezometrica costituisce il limite superiore dell'acquifero, che è un limite idrodinamico. Questa superficie può elevarsi o abbassarsi liberamente nella formazione idrogeologica permeabile (fluttuazioni della superficie piezometrica), da cui la denominazione di acquifero freatico o non confinato.

Negli acquiferi più profondi le acque sotterranee si trovano nella formazione idrogeologica permeabile, tra due formazioni impermeabili fisse: il substrato alla base ed il tetto alla sommità (Figura 1.3). Data la situazione in profondità, l'acquifero (serbatoio ed acqua) subisce una pressione, eguale al peso della colonna di terreni di densità media 2500 [kg/m^3] (cioè 2,5 bar per porzione di 10 m) che lo sormonta sino alla superficie del suolo. Poiché la pressione atmosferica è trascurabile, questa pressione, detta geostatica, è equilibrata dalla pressione di falda o di poro che domina all'interno dell'acquifero. Quando un sondaggio attraversa il tetto dell'acquifero, la sostituzione della colonna di terreno con una colonna d'acqua (densità 1000 [kg/m^3]), provoca una caduta di pressione nell'acquifero, donde la decompressione del serbatoio e dell'acqua che è espulsa. Il suo livello si stabilizza ad una quota che rappresenta il livello piezometrico determinato dalla differenza di carico tra la zona di alimentazione e l'opera considerata. Questo tipo è l'acquifero confinato. Se il livello piezometrico si situa al di sopra della superficie del suolo, l'acqua zampilla naturalmente; questo è l'acquifero artesiano. Dunque, se la captazione degli acquiferi profondi comporta dei sondaggi costosi, il loro sfruttamento si effettua spesso a bassa profondità ed a volte anche senza pompaggio, poiché l'artesianismo produce una portata naturale in superficie.

Il tetto o il substrato dell'acquifero sono spesso costituiti da una formazione idrogeologica semi-permeabile. Questa permette, in talune condizioni idrodinamiche favorevoli, scambi idrici con l'acquifero sovrapposto o sottostante, chiamati disperdenze. Questo fenomeno classifica l'acquifero come semi-confinato.

Una combinazione di formazioni semi-permeabili idrogeologiche, intercalate tra formazioni permeabili, identifica un acquifero multifalda, ovvero un unico sistema idrologico perché ogni acquifero a falda semi-confinata non può essere considerato in maniera indipendente. Un acquifero multifalda di struttura semplice e di grande volume è, a volte, assimilato ad un monofalda equivalente ed è identificato dallo spessore e dal volume utile del suo serbatoio.

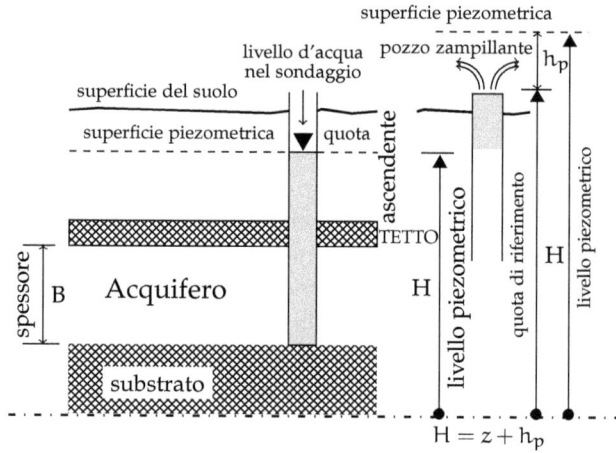

Figura 1.3: Acquifero confinato o in pressione [dopo Castany, 1982]

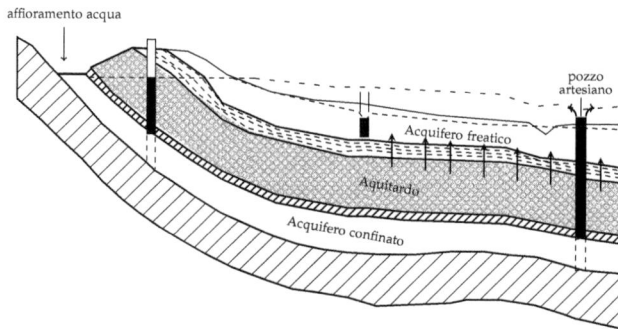

Figura 1.4: Un sistema acquifero multifalda [dopo Castany, 1982]

1.4.2 *Alcune proprietà dei mezzi porosi*

Granulometria

Lo studio della granulometria è l'insieme delle tecniche di laboratorio che permettono di determinare le caratteristiche fisiche, petrografiche e geochimiche dei mezzi porosi ovvero delle rocce incoerenti. Esso si basa sull'esame microscopico (geometria, forma, dimensioni e disposizione nello spazio dei grani e dei vuoti), sullo studio petrografico (natura dei minerali che costituiscono i grani e argille), sull'analisi chimica dei grani (sali solubili) e infine sull'analisi granulometrica (dimensioni dei grani). Un mezzo poroso è costituito di un insieme di particelle solide o grani le cui caratteristiche geometriche sono il diametro e la superficie. L'analisi granulometrica ha come scopo la misura dei diametri dei grani al fine di: i) accedere alle caratteristiche dei vuoti per mezzo di quelle dei grani, ii) classificare quantitativamente le rocce incoerenti e tracciarne delle mappe, trama della distribuzione spaziale dei parametri idrodinamici, iii) calcolare i parametri granulometrici ed infine iv) procedere alla attrezzatura tecnica dei pozzi e sondaggi (*i.e.* calcolo dell'apertura delle parti captanti (filtri), calibratura della ghiaia delle masse filtranti).

Le dimensioni dei grani dei mezzi porosi si estendono in una gamma, in generale continua. L'analisi granulometrica ha come scopo la separazione, per mezzo di vagli standard, dei grani secondo diametri convenzionali. Trattasi delle fasi granulometriche. Una prima operazione è dunque la classificazione dei grani in gamme di diametri determinati, cioè stabilire una classificazione granulometrica. Quella usata più correntemente è data in Tabella 1.7.

L'elaborazione statistica dei dati dell'analisi granulometrica, utilizzata in idrogeologia, è la curva granulometria cumulativa (Figura 1.5). La coppia di dati granulometrici, concernente una fase granulometrica, diametro e peso, ottenuta attraverso vagliatura, è riportata su una carta grafica semi-logaritmica: in ascisse logaritmiche i diametri dei grani, in mm, in valori decrescenti (o crescenti), determinati dalle dimensioni delle maglie dei vagli e in ordinate lineari i pesi cumulati, in grammi, espressi in percentuale del

Tabella 1.7: Classificazione dei grani

DENOMINAZIONI			DIAMETRO DEI GRANI (mm)
Ciottolo, pietra, blocco			superiore a 16
Vaglio	Ghiaia, ghiaietto		16 a 2
	Sabbia	grossa	2 a 0.5
		media	0.5 a 0.25
		fine	0.25 a 0.06
Limo			0.06 a 0.002
Argilla			più piccola di 0.002

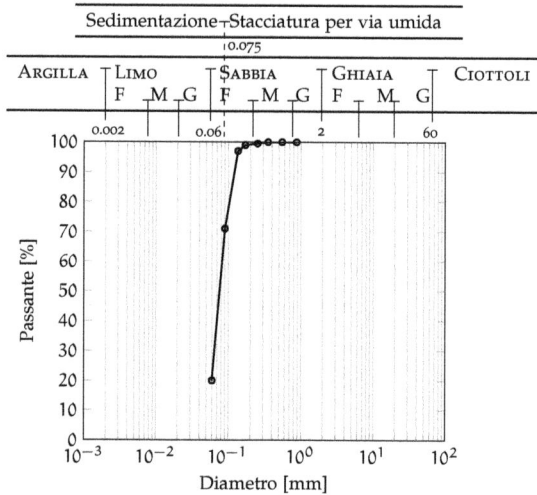

Figura 1.5: Esempio di curva granulometrica.

peso del campione studiato. Il grafico ottenuto, unendo i punti, è la curva granulometrica cumulativa. Il sedimento è rappresentato dal settore del diagramma a sinistra della curva.

L'interpretazione globale della curva granulometrica si ottiene considerando due caratteristiche della curva: la sua posizione nel diagramma e la sua pendenza (Figura 1.5). La posizione della curva nel diagramma, in riferimento alla classificazione granulometrica espressa in alto, permette di classificare il campione e di designarlo con un termine litologico preciso. I risultati sono utilizzati per identificare le famiglie granulometriche, basi della costruzione delle sezioni e delle carte della distribuzione spaziale delle caratteristiche della struttura del serbatoio. La pendenza della curva dà una indicazione sul tipo di granulometria. Il campione è definito uniforme, o omogeneo, se la pendenza è vicina alla verticale il che significa che la gamma dei diametri è ristretta. Una formazione di sabbie eoliche (dune) si avvicina a questo tipo. Se la curva si estende nel diagramma con una larga gamma di diametri allora il mezzo poroso analizzato è vario o eterogeneo.

La curva granulometrica permette di calcolare due principali parametri granulometrici: il diametro caratteristico, d_x ed il coefficiente di uniformità u. Il diametro caratteristico d_x [L] è misurato con il valore letto in ascisse, corrispondente ad una percentuale in pesi cumulati, scelta arbitrariamente in ordinate. Il più utilizzato è il diametro efficace d_{10}, ovvero il diametro corrispondente ad una percentuale in peso passante pari al 10%. Altri diametri caratteristici utilizzati sono il d_{60} ed il d_{30}.

Il coefficiente di uniformità u [·] attribuisce un valore numerico alla pendenza della curva. È calcolato con l'espressione:

$$u = \frac{d_{60}}{d_{10}}$$

Per convenzione, se il coefficiente di uniformità è compreso tra 1 e 2 (2,5 per alcuni autori) la granulometria è detta uniforme mentre se è superiore a 2 (o 2,5) è varia.

Superficie specifica dei grani o delle fessure

La superficie specifica di un mezzo poroso o fessurato chiamata M, è il rapporto della superficie totale dei grani o delle pareti delle fessure, sia rispetto al volume del campione (superficie volumica), sia rispetto alla massa. Essa è espressa rispettivamente in cm^2/cm^3 o in cm^2/g.

Questa è il fattore principale delle azioni fisico-chimiche d'interfaccia acqua/roccia, dunque dei fenomeni di adsorbimento. La superficie specifica cresce fortemente quando il diametro dei grani o densità delle fessure diminuisce. Per le sabbie medie è dell'ordine di $10 \, cm^2/cm^3$, per le sabbie molto fini è di $50 \, cm^2/cm^3$, mentre per le argille raggiunge il suo massimo $500 \div 800 \, cm^2/cm^3$. Per esempio la superficie dei grani $d_{10} = 0,147$ mm, contenuta in un metro cubo di sabbia, coprirebbe 32 ettari. La superficie specifica è misurata con l'adsorbimento fisico di gas o di liquidi.

Porosità totale

La porosità totale o semplicemente porosità, n, è la proprietà di un mezzo poroso o fessurato di essere dotato di vuoti interconnessi o non ed è espressa, dal rapporto del volume dei vuoti, V_v, di un mezzo ed il volume totale, V_t, del campione.

$$n = \frac{V_v}{V_t} \qquad (1.18)$$

Porosità efficace

In un mezzo poroso saturo a causa dei fenomeni di adsorbimento e della presenza di pori non interconnessi e ciechi il volume d'acqua libera di muoversi è minore del volume totale d'acqua saturante il mezzo. Da ciò consegue che la porosità del mezzo legata alla circolazione idrica è minore della porosità totale. Si introduce allora la porosità efficace del mezzo saturo, definita come

$$n_d = \frac{V_{wl}}{V_t} < n \qquad (1.19)$$

dove V_{wl} rappresenta il volume d'acqua libera.

La capacità di ritenzione idrica del mezzo poroso è complementare alla porosità efficace rispetto alla porosità totale: $n = n_d + C$, dove con C si è indicata la capacità di ritenzione idrica del terreno. In un mezzo non saturo sono compresenti aria e acqua. La capacità di ritenzione di un mezzo poroso non saturo ha una fenomenologia aggiuntiva che per un mezzo poroso saturo non sussiste.

La capacità di ritenzione del non saturo, infatti, è principalmente dovuta alla ritenzione capillare, mentre in misura minore è dovuta ai meccanismi visti in precedenza.

La porosità efficace di un mezzo non saturo è pertanto fisicamente diversa da quella di un mezzo poroso saturo. Al fine di distinguere i due parametri può essere utile far riferimento ad un simbolo diverso o avere presente la denominazione e la simbologia anglosassone S_y ovvero specific yield.[1]

La porosità efficace del non saturo, è definita come il rapporto tra l'acqua che può essere drenata dal mezzo per gravità e il volume totale considerato:

$$S_y = \frac{V_{wd}}{V_t}$$

È denominata saturazione d'equilibrio la situazione in cui nel mezzo poroso coesistono acqua e aria in equilibrio. Alla saturazione d'equilibrio, la quantità d'acqua drenabile per gravità è associata alla porosità efficace S_y, mentre la quantità complementare è associata alla sua capacità di ritenzione capillare: $n = S_y + C$.

---

1 La simbologia e la terminologia italiana non operano alcuna distinzione tra la porosità efficace del non saturo e quello del saturo.

2

Come si ricorderà dalla meccanica dei fluidi, grandezze come la densità, la pressione o la velocità in un punto di un fluido sono grandezze riferite alla cosiddetta particella fluida, cioè ad un volume di fluido 1) molto grande rispetto ai processi di scala molecolare e 2) sufficientemente piccolo rispetto alla scala dei problemi di moto trattati in meccanica dei fluidi e in idraulica.   L'introduzione del concetto di "particella fluida", quindi, consentiva di vedere un fluido come un sistema continuo, le cui proprietà erano funzioni continue, cioè, funzioni che assumevano valori con continuità in ogni punto del sistema. Si ricorderà, inoltre, che, con riferimento alla particella fluida, l'equazione indefinita del moto di un fluido viscoso e comprimibile era rappresentata dall'equazione di Navier-Stokes (o equazioni di Navier-Stokes, se scritte in termini scalari) (vedi A), la quale traduceva per un fluido in moto il secondo principio della dinamica Newtoniana, mettendo in relazione cause e caratteri cinematici del moto stesso:

$$\rho\left(\mathbf{F} - \frac{d\mathbf{v}}{dt}\right) = \nabla p - \mu \nabla^2(\mathbf{v}) - \frac{1}{3}\mu \nabla(\nabla \mathbf{v}) \qquad (2.1)$$

con $\mathbf{F}$ forze di massa agenti a distanza per unità di massa (*i.e.* $\mathbf{F} = \mathbf{g} = -g\nabla z$) $[LT^{-2}]$, μ coefficiente di viscosità dinamica $[ML^{-1}T^{-1}]$, $\mathbf{v}$ velocità $[LT^{-1}]$, ρ densità $[ML^{-3}]$ e p $[ML^{-1}T^{-2}]$ pressione del fluido e $\nabla^2 = \frac{\partial^2}{\partial x^2} + \frac{\partial^2}{\partial y^2} + \frac{\partial^2}{\partial z^2}$ l'operatore laplaciano.

Nell'ipotesi, molto utilizzata, che il fluido sia incomprimibile l'ultimo termine della (2.1) si annulla e l'equazione di Navier-Stockes diventa:

$$\rho\left(\mathbf{F} - \frac{d\mathbf{v}}{dt}\right) = \nabla p - \mu \nabla^2(\mathbf{v}) \qquad (2.2)$$

Tuttavia, se per un volume fluido in moto, ad esempio, in una condotta, l'integrazione dell'equazione di N.S. è agibile, per un volume fluido in moto in un mezzo poroso tale integrazione è praticamente impossibile, poiché la geometria su scala microscopica dei canalicoli all'interno dei quali avviene il moto è estremamente complessa ed impossibile da conoscere e descrivere in maniera deterministica. Queste difficoltà nello studio del moto di un fluido all'interno di un mezzo poroso sono state superate dall'introduzione del concetto di volume rappresentativo elementare (detto REV da Representative Elementary Volume). Introdurre il concetto di REV praticamente significa:

1. mediare le proprietà fisiche e idrauliche del mezzo poroso sul REV, passando da proprietà microscopiche a proprietà macroscopiche,

2. assumere tali proprietà macroscopiche come proprietà "puntuali".

Analogamente alla funzione del concetto di particella fluida per un fluido, allora, il concetto di REV serve a vedere il mezzo poroso come un sistema continuo, le cui proprietà fisiche e idrauliche sono funzioni continue, per le quali, cioè, ha senso dire che con continuità assumono valori da "punto" a "punto" del mezzo poroso.

In altri termini, la reale geometria del mezzo poroso, impossibile da descrivere su scala microscopica, viene sostituita da un continuo concettuale in cui le proprietà fisiche sono proprietà macroscopiche (cioè mediate sul REV) descritte mediante funzioni continue. Quindi la distribuzione dei pori viene descritta mediante le proprietà prima viste come la porosità, contenuto idrico, grado di saturazione e permeabilità.

In figura 2.1 è rappresentato il concetto di REV rispetto alla densità di massa fluida in un mezzo poroso.

2.1   CONCETTO DI VELOCITÀ DI DARCY

L'approccio continuo allo studio della meccanica dei fluidi nei mezzi porosi, se da una parte lascia inalterato il significato fisico di grandezze come la pressione o la densità di un fluido, dall'altra

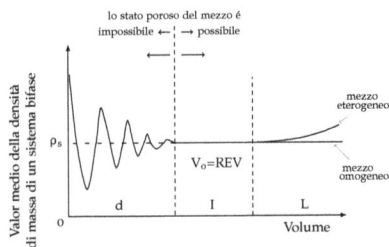

Figura 2.1: Equilibrio di massa sul volume di controllo (REV)

parte, muta il significato fisico della grandezza velocità, la quale non sarà più la rapidità con cui una particella fluida cambia posizione in un sistema di riferimento. Nell'idraulica sotterranea quando si parla di velocità, si intende parlare della velocità di Darcy, data dal volume di acqua che nell'unità di tempo attraversa la sezione di un REV, intesa come insieme di spazi vuoti e spazi occupati dai grani solidi:

$$q = \frac{Q}{A} = \frac{1}{A}\frac{\Delta V}{\Delta t} \qquad (2.3)$$

la velocità di Darcy q, quindi, è una grandezza macroscopica.

La velocità effettiva media è definita dalla:

$$u = \frac{q}{n} \qquad (2.4)$$

l'acqua in moto in un mezzo poroso è un fluido soggetto a forze direttamente responsabili del moto:

- forze di superficie dovute alla pressione

- forze di massa dovute alla gravità

- forze che si oppongono al moto dovute all'attrito

Si consideri l'equilibrio delle componenti di queste forze agenti sull'acqua in moto all'interno del volume poroso nella direzione del moto risultante (Figura 2.2):

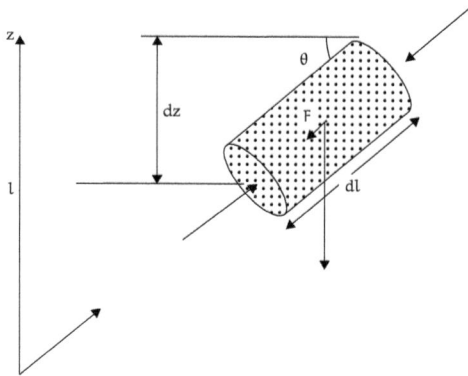

Figura 2.2: Equilibrio delle forze agenti su un volume elementare

$$pndA - (p + \frac{dp}{dl}dl)ndA - (\rho gndAdl)\sin\vartheta = F \qquad (2.5)$$

cioè

$$\frac{F}{ndAdl} = -(\frac{dp}{dl} + \rho g\frac{dz}{dl}) \qquad (2.6)$$

giacché $dz = dl\sin\vartheta$

Al secondo membro della (2.6) si trovano esplicitate le forze direttamente responsabili del moto. Il primo termine rappresenta la risultante, lungo l'asse longitudinale del moto, delle spinte idrodinamiche, mentre il secondo termine la componente lungo lo stesso asse della forza-peso. A primo membro si trovano esplicitate le forze resistenti al moto per unità di volume. Nel considerare le resistenze al moto si deve assumere che:

- le inerzie locali, cioè le resistenze dovute alle variazioni in modulo e direzione della velocità del fluido su scala microscopica quando esso attraversa il mezzo poroso, siano trascurabili rispetto alle resistenze viscose (risultanti dagli sforzi tangenziali),

- gli sforzi tangenziali all'interno del fluido siano trascurabili rispetto agli sforzi tangenziali fluido-solido.

Fatte queste assunzioni, valide per i valori di velocità di un fluido in moto in un mezzo poroso, per esplicitare i fattori che influenzano le resistenze al moto si possono considerare alcune soluzioni esatte dell'equazione di N.S. per problemi di moto di fluidi viscosi con geometrie semplici:

A) Tubo cilindrico di raggio r (piccolo)

$$\frac{8\mu}{r^2}v = -\left(\frac{dp}{dl} + \rho g\frac{dz}{dl}\right) \tag{2.7}$$

con v velocità media del fluido e μ coefficiente di viscosità.

B) Sottile film fluido di spessore d in moto su un piano

$$\frac{3\mu}{d^2}v = -\left(\frac{dp}{dl} + \rho g\frac{dz}{dl}\right) \tag{2.8}$$

C) Sottile spessore b compreso tra due piani

$$\frac{12\mu}{b^2}v = -\left(\frac{dp}{dl} + \rho g\frac{dz}{dl}\right) \tag{2.9}$$

Dal confronto tra le soluzioni, (2.7), (2.8) e (2.9) dell'equazione di N.S. e l'equazione esprimente l'equilibrio tra le forze agenti su un fluido in moto in un mezzo poroso, quest'ultima diventa:

$$\frac{F}{ndAdl} = \frac{C\mu}{\bar{d}^2}q \tag{2.10}$$

con C numero adimensionale che dipende dalla forma dei canalicoli all'interno del mezzo poroso (tortuosità), $\bar{d}$ dimensione caratteristica dei suddetti canalicoli.

Operando alcune sostituzioni si ottiene:

$$q = -\frac{\bar{d}^2}{C\mu}\left(\frac{dp}{dl} + \rho g\frac{dz}{dl}\right) \tag{2.11}$$

Al parametro $\dfrac{\bar{d}^2}{C}$ si dà il nome di permeabilità intrinseca k_0 [L^2]. Esso dipende solo dalle caratteristiche della matrice solida e non del fluido. Sostituendo la permeabilità intrinseca nella (2.11) si ottiene:

$$q = -\frac{k_0}{\mu}\left(\frac{dp}{dl} + \rho g \frac{dz}{dl}\right) \qquad (2.12)$$

ovvero la legge di Darcy.

La legge di Darcy, esprimendo il secondo principio della dinamica per un fluido in moto in un mezzo poroso, realizza una relazione lineare tra la velocità del fluido in moto e le cause del moto stesso.

Tuttavia, la linearità di tale relazione e quindi la validità della legge di Darcy sussiste fintanto che sono valide le assunzioni che hanno consentito di dedurre la legge di Darcy, in particolare l'assunzione secondo cui le inerzie locali sono trascurabili rispetto alle resistenze di natura viscosa. Occorre quindi delimitare il campo di validità della legge di Darcy. Come si ricorderà, il numero di Reynolds esprimeva il rapporto tra forze di inerzia e forze viscose per un fluido in moto. Un numero di Reynolds, adattato per la meccanica dei fluidi nei mezzi porosi, $R_e = \rho q d / \mu$, con d diametro caratteristico dei grani solidi, è stato utilizzato per determinare il campo di applicabilità della legge di Darcy, trovando che quest'ultima ha piena validità per $R_e \leqslant 1 \div 10$, vale a dire per i valori di R_e che generalmente si registrano nel moto di un fluido in un mezzo poroso. Man mano che R_e assume valori superiori, le forze di inerzia sono sempre meno trascurabili rispetto alle forze viscose: il legame cinematico tra cause ed effetti del moto si discosta dalla relazione lineare rappresentata dalla legge di Darcy, che non è più applicabile. Tuttavia, ciò si verifica per valori della velocità generalmente non riscontrabili nel moto di un fluido in un mezzo poroso.

La (2.12) è una forma piuttosto generale della legge di Darcy, potendo essere applicata sia a fluidi a densità costante che a fluidi a densità variabile. In idrologia sotterranea tuttavia la forma consueta della legge di Darcy è diversa dalla (2.12), poiché le forze responsabili del moto vengono espresse come gradiente di una funzione potenziale. Quest'ultima è definibile sia per fluidi a densità costante (incomprimibili) sia per fluidi in cui la densità varia in funzione della pressione, per i quali cioè,

$$\rho = \rho(p)$$

Pertanto, esplicitando il carico idraulico come di seguito:

$$q = -\frac{k_0 \rho g}{\mu} \frac{d}{dl}\left(\frac{p}{\rho g} + z\right) \tag{2.13}$$

e riscrivendo la (2.13) in termini vettoriali per un sistema di riferimento cartesiano si ottiene una delle forme più note della legge di Darcy:

$$\mathbf{q} = -\frac{k_0 \rho g}{\mu} \nabla h \tag{2.14}$$

La funzione potenziale $h(x, y, z)$ è il carico piezometrico, detto anche carico idraulico, associato al fluido in moto. Appare ovvio a questo punto il significato fisico di $h(x, y, z)$, che è l'energia associata all'unità di peso del fluido, ossia, la capacità di compiere lavoro posseduta dalle forze responsabili del moto dell'unità di massa fluida. Il gradiente negativo di $h(x, y, z)$ dunque rappresenta le forze responsabili del moto per unità di peso del fluido. Tuttavia, la forma più nota della legge di Darcy è ancora diversa dalla (2.14). Tale forma si ottiene introducendo la conducibilità idraulica o permeabilità come:

$$K = \frac{k_0 \rho g}{\mu}$$

essa rappresenta l'attitudine di un mezzo poroso a lasciarsi attraversare da un fluido specifico (definito da ρ e μ). In termini più generali la legge di Darcy in uno spazio tridimensionale è:

$$\mathbf{q} = -K \nabla h \tag{2.15}$$

con K che indica la conducibilità idraulica $[LT^{-1}]$, parametro caratteristico che combina le proprietà del fluido con la permeabilità intrinseca del mezzo poroso.[1]

2.1.1   *Eterogeneità e anisotropia di un mezzo poroso*

Si richiamano di seguito i concetti di eterogeneità e anisotropia, aspetti fondamentali della meccanica dei fluidi nei mezzi porosi.

Un mezzo poroso si definisce eterogeneo quando le sue proprietà fisico–idrauliche variano da punto a punto ed anisotropo quando queste variano con la direzione. Più concretamente, un mezzo poroso è eterogeneo quando la conducibilità idraulica varia da punto a punto, ovvero $K = K(x, y, z)$, e si definisce anisotropo quando la conducibilità idraulica K, o meglio la permeabilità intrinseca k_0, varia con la direzione.

In un mezzo poroso anisotropo, pertanto, le resistenze al moto non sono le stesse in tutte le direzioni: l'acqua tende a muoversi seguendo le direzioni di minore resistenza, ossia, di maggiore permeabilità. Da quanto detto consegue che in un mezzo poroso anisotropo la permeabilità intrinseca e quindi la conducibilità idraulica non sono più quantità scalari ma tensori del 2° ordine. Per studiare il moto di un fluido in un mezzo poroso, quindi, occorre estendere la legge di Darcy ad una forma più generale della (2.15), dove **K** è un tensore del secondo ordine simmetrico:

$$\mathbf{K} = \begin{vmatrix} K_{xx} & K_{xy} & K_{xz} \\ K_{yx} & K_{yy} & K_{yz} \\ K_{zx} & K_{zy} & K_{zz} \end{vmatrix}$$

L'esplicitazione della legge di Darcy in termini scalari quindi dà luogo a tre equazioni di forma piuttosto complicata, giacché la

---

[1] Nell'equazione di Darcy ottenuta teoricamente compare un segno meno dovuto al fatto che essa fornisce il vettore velocità (modulo, direzione e verso) in un sistema di riferiemnto cartesiano, mentre l'equazione di Darcy "sperimentale" fornisce solo il modulo.

conducibilità idraulica è un tensore del secondo ordine con nove componenti non nulle:

$$q_x = -K_{xx}\frac{\partial h}{\partial x} - K_{xy}\frac{\partial h}{\partial y} - K_{xz}\frac{\partial h}{\partial z}$$

$$q_y = -K_{yx}\frac{\partial h}{\partial x} - K_{yy}\frac{\partial h}{\partial y} - K_{yz}\frac{\partial h}{\partial z} \qquad (2.16)$$

$$q_z = -K_{zx}\frac{\partial h}{\partial x} - K_{zy}\frac{\partial h}{\partial y} - K_{zz}\frac{\partial h}{\partial z}$$

Essendo il tensore definito positivo e autoaggiunto è possibile adottare un sistema di riferimento cartesiano individuato da tre direzioni ortogonali rispetto alle quali il tensore di permeabilità si riduce ad una forma matriciale diagonale. Ciò equivale a determinare le direzioni principali di anisotropia, rispetto alle quali si ripristina la colinearità tra velocità di Darcy e gradiente idraulico. Pertanto lo studio del moto in un mezzo poroso anisotropo richiede l'uso della (2.16), ma per semplificare gli sviluppi matematici si avrà cura di adottare il sistema di riferimento dato dalle direzioni principali di anisotropia.

$$\mathbf{K} = \begin{vmatrix} K_{e_I} & 0 & 0 \\ 0 & K_{e_{II}} & 0 \\ 0 & 0 & K_{e_{III}} \end{vmatrix}$$

con e_I, e_{II} e e_{III} autovettori definiti sulle direzioni principali di anisotropia e k_{e_I}, $k_{e_{II}}$ e $k_{e_{III}}$ i corrispondenti autovalori.

2.2   EQUAZIONE GENERALE DEL MOTO IDRICO SOTTERRANEO

L'equazione di continuità del flusso idrico sotterraneo deriva dal principio di conservazione della massa. Esso stabilisce cha il flusso di massa entrante in un volume è pari al flusso di massa uscente da esso a meno di una variazione di massa nel tempo. Le ipotesi di base da cui si otterrà l'equazione di continuità per i mezzi porosi sono: 1) grado di saturazione unitario e 2) fluido di densità omogenea.

Si consideri un volume elementare parallelepipedo. Il flusso di massa entrante in una faccia generica del volume elementare è $\rho q_n A_n$, essendo q_n la portata specifica che attraversa la sezione A_n di normale $\hat{n}$. Sviluppando in serie di Taylor tale flusso rispetto al baricentro del volume elementare si ottiene il flusso di massa entrante e quello uscente:

$$I_x = \rho q_x \Delta y \Delta z - \frac{\partial}{\partial x}(\rho q_x)\Delta y \Delta z \frac{1}{2}\Delta x$$

$$O_x = \rho q_x \Delta y \Delta z + \frac{\partial}{\partial x}(\rho q_x)\Delta y \Delta z \frac{1}{2}\Delta x$$

ricavando tali espressioni per tutte le direzioni ed applicando il principio di conservazione della massa si ha:

$$-\left[\frac{\partial}{\partial x}(\rho q_x) + \frac{\partial}{\partial y}(\rho q_y) + \frac{\partial}{\partial z}(\rho q_z)\right]\Delta x \Delta y \Delta z = \frac{\partial}{\partial t}(\rho n \Delta x \Delta y \Delta z)$$

$$(2.17)$$

con n porosità totale del mezzo. Poichè il principio di conservazione della massa, e di conseguenza l'equazione di continuità, è indifferente alle dimensioni del volume considerato, esso può essere fattorizzato. Dunque, l'equazione di continuità diventa:

$$-\nabla(\rho \mathbf{q}) = \frac{\partial}{\partial t}(\rho n)$$

$$(2.18)$$

Mezzo indeformabile

Sostituendo la portata specifica q con la forma generale della Legge di Darcy e assumendo il fluido incomprimibile e lo scheletro solido indeformabile si ottiene l'equazione generale del moto idrico sotterraneo per un mezzo poroso indeformabile:

$$\nabla(\mathbf{K}\nabla h) = \frac{\partial n}{\partial t}$$

$$(2.19)$$

Mezzo deformabile

In un mezzo poroso deformabile le variazioni nel tempo della porosità e della densità sono dovute a variazioni delle pressioni all'interno del mezzo causate da azioni esterne (pompaggi, ricariche, drenaggi, ecc.). Data la direzione di tali cause si assume il mezzo poroso deformabile nella sola direzione verticale. Si può definire un volume V' che si muove e si deforma nella sola direzione verticale. La velocità dei grani (verticale) è dz/dt quindi il vettore velocità è: $\mathbf{w}_g = [0, 0, dz/dt]$. La posizione nello spazio, al tempo t, del centroide è data da: $z = \xi + \int_0^t w_g \, dt$ con ξ posizione del centroide al tempo t=0. Dato lo spostamento del volume V' la velocità media è data dalla somma fra la velocità di Darcy, che è relativa rispetto al volume V', e la velocità del fluido solidale con $V'(w_g \hat{k})$, dove con $\hat{k}$ si è indicato il versore verticale. Quindi, l'equazione di continuità diventa:

$$-\nabla(\rho \mathbf{q} + \rho n w_g \hat{k}) = \frac{\partial}{\partial t}(\rho n) \qquad (2.20)$$

e quindi

$$-\nabla(\rho \mathbf{q}) - n w_g \frac{\partial \rho}{\partial z} - \rho w_g \frac{\partial n}{\partial z} - \rho n \frac{\partial w_g}{\partial z} = n \frac{\partial \rho}{\partial t} + \rho \frac{\partial n}{\partial t} \qquad (2.21)$$

trasformando le derivate parziali mediante la regola di derivazione Euleriana si ottiene

$$-\nabla(\rho \mathbf{q}) = n \frac{d\rho}{dt} + \rho \frac{dn}{dt} + \rho n \frac{\partial w_g}{\partial z} \qquad (2.22)$$

Il primo termine del II membro rappresenta la variazione temporale del fluido in funzione del comportamento elastico; si definisce coefficiente di comprimibilità del fluido:

$$\beta = -\frac{1}{V_w} \frac{dV_w}{dp} \quad \text{con} \quad V_w = \frac{m}{\rho}$$

Sostituendo e derivando:

$$\frac{d\rho}{dt} = \beta \rho \frac{dp}{dt} \qquad (2.23)$$

Il secondo termine del II membro rappresenta la variazione della porosità dello scheletro solido; per determinare tale quantità si applica di nuovo l'equazione di continuità, questa volta però sulla massa solida:

$$-\nabla\left(\rho_s(1-n)w_g\hat{k}\right) = \frac{\partial}{\partial t}\left(\rho_s(1-n)\right) \qquad (2.24)$$

Per l'ipotesi di indeformabilità (ρ_s invariante nel tempo):

$$(1-n)\frac{\partial w_g}{\partial z} - w_g\frac{\partial n}{\partial z} = \frac{\partial n}{\partial t} \qquad (2.25)$$

e passando alle derivate totali

$$(1-n)\frac{\partial w_g}{\partial z} = \frac{dn}{dt} \qquad (2.26)$$

Il terzo termine del II membro rappresenta la variazione della velocità dei grani in funzione della compressibilità dello scheletro solido; il coefficiente di compressibilità dello scheletro solido:

$$\alpha = -\frac{1}{\Delta z}\frac{d(\Delta z)}{d\sigma_z}$$

$$\alpha\frac{d\sigma_z}{dt} = -\frac{1}{\Delta z}\frac{d(\Delta z)}{dt}$$

essendo $\sigma_z + p = \text{cost}$. Si ha quindi:

$$\alpha\frac{dp}{dt} = \frac{\partial}{\partial z}w_g \qquad (2.27)$$

Sostituendo i termini esplicitati nella (2.22) si ottiene:

$$-\nabla(\rho\mathbf{q}) = \rho(\alpha+n\beta)\frac{dp}{dt} \qquad (2.28)$$

Poichè la velocità dei grani è molto piccola, passando dalla derivata totale a quella parziale, il termine $w_g\partial p/\partial z$ può essere trascurato se paragonato a $\partial p/\partial t$, pertanto si può scrivere [De Marsily, 1986]:

$$-\nabla(\rho\mathbf{q}) = \rho(\alpha+n\beta)\frac{\partial p}{\partial t} \qquad (2.29)$$

Per molti problemi di idrodinamica sotterranea la variazione spaziale della densità è molto più piccola della variazione della velocità del fluido e quindi si può trascurare. Inoltre si può esplicitare la pressione in funzione del carico idraulico:

$$-\nabla(\mathbf{q}) = \rho g (\alpha + n\beta) \left(\frac{\partial h}{\partial t} - \frac{\partial z}{\partial t} \right)$$ (2.30)

A questo punto è possibile definire una nuova grandezza idrogeologica, l'immagazzinamento specifico ovvero:

$$S_s = \rho g (\alpha + n\beta)$$

esso rappresenta il volume d'acqua rilasciato dall'acquifero per unità di volume di mezzo poroso e per un abbassamento unitario della superficie piezometrica $[L^{-1}]$ ed è una proprietà specifica degli acquiferi confinati, funzione della compressibilità della matrice solida e della compressibilità dell'acqua in essa contenuta. Trascurando la variazione di z rispetto al tempo si ottiene l'equazione generale del moto idrico sotterraneo per mezzi deformabili:

$$\nabla(\mathbf{K}\nabla h) = S_s \frac{\partial h}{\partial t}$$ (2.31)

2.2.1 Equazioni del moto idrico sotterraneo a scala regionale

Per scale spaziali e temporali molto grandi si può assumere che il flusso sia essenzialmente orizzontale, ovvero che la componente verticale del vettore velocità sia trascurabile, il che equivale ad assumere nullo il gradiente idraulico lungo la verticale (Ipotesi di Dupuit). Si assuma inoltre che gli assi del sistema di riferimento (X, Y, Z) siano assi principali di anisotropia. Essendo, per l'ipotesi di Dupuit, il carico costante lungo la verticale esso varia solo nel piano $(h(x, y))$ e quindi il problema può essere considerato bidimensionale. Pertanto è facile integrare l'equazione (tridimensionale) generale del moto idrico sotterraneo rispetto alla verticale. Tali assunzioni danno forma a due classiche equazioni del moto idrico sotterraneo: l'equazione del moto per acquiferi non confinati e per acquiferi confinati.

Equazione del moto per un acquifero non confinato

Un acquifero non confinato è limitato solo inferiormente. Come visto precedentemente, la principale differenza fra un acquifero non-confinato ed uno confinato è che nel primo la quantità d'acqua rilasciata non è più funzione della compressibilità del fluido e del mezzo ma dipende dalla variazione della superficie freatica e quindi dall'acqua effettivamente presente nei pori. Conseguentemente, nell'equazione generale del moto idrico sotterraneo occorre considerare un volume elementare che intersechi la superficie libera dell'acquifero non confinato. In questo caso l'integrazione sullo spessore (che coincide con il carico idraulico) del flusso idrico e della massa per un acquifero non deformabile produce l'equazione:

$$\frac{\partial}{\partial x}\left[\int_{z_0}^{h} K_x \frac{\partial h}{\partial x}\,dz\right] + \frac{\partial}{\partial y}\left[\int_{z_0}^{h} K_y \frac{\partial h}{\partial y}\,dz\right] = \frac{\partial}{\partial t}\int_{z_0}^{h} n\,dz$$

Nell'ipotesi di mezzo poroso non deformabile, potendo l'acqua muoversi per gravità, nel secondo membro è possibile sostituire al posto della porosità totale (n) la porosità efficace (n_d). Se si ipotizza che come il carico non varia lungo la verticale allo stesso modo si comportano le componenti della conducibilità idraulica K_x e K_y, si ottiene:

$$\frac{\partial}{\partial x}\left[K_x(h-z_0)\frac{\partial h}{\partial x}\right] + \frac{\partial}{\partial y}\left[K_y(h-z_0)\frac{\partial h}{\partial y}\right] = n_d\frac{\partial h}{\partial t}$$

Tale equazione è non lineare in h ma può essere linearizzata ponendo (linearizzazione di Boussinesque)

$$T_x = \int_{z_0}^{\bar{h}} K_x\,dz \quad e \quad T_y = \int_{z_0}^{\bar{h}} K_y\,dz$$

indicando con $\bar{h}$ il carico idraulico medio, ottenendo l'equazione del moto idrico sotterraneo per un acquifero non confinato:

$$\frac{\partial}{\partial x}\left[T_x \frac{\partial h}{\partial x}\right] + \frac{\partial}{\partial y}\left[T_y \frac{\partial h}{\partial y}\right] = n_d \frac{\partial h}{\partial t} \qquad (2.32)$$

Equazione del moto per un acquifero confinato

Si definisce confinato un acquifero limitato sia superiormente che inferiormente attraverso degli strati impermeabili. In un tale acquifero la quantità d'acqua estraibile dipende dalla compressibilità del mezzo poroso e del fluido e non semplicemente dalla quantità d'acqua contenuta nei pori. Nell'ipotesi di Dupuit, l'equazione del moto idrico in un acquifero confinato si ricava integrando l'equazione del moto idrico sotterraneo per un mezzo poroso deformabile (2.31) sullo spessore (B) dell'acquifero:

$$\frac{\partial}{\partial x}\left[\int_0^B K_x \frac{\partial h}{\partial x}\,dz\right] + \frac{\partial}{\partial y}\left[\int_0^B K_y \frac{\partial h}{\partial y}\,dz\right] = S_s \frac{\partial}{\partial t}\int_0^B h\,dz$$

nell'ipotesi che la conducibilità idraulica K_x e K_y non vari lungo la verticale, applicando la regola di Leibnitz e ponendo

$$T_x = \int_0^B K_x\,dz \quad e \quad T_y = \int_0^B K_y\,dy$$

si ottiene:

$$\frac{\partial}{\partial x}\left[T_x \frac{\partial h}{\partial x}\right] + \frac{\partial}{\partial y}\left[T_y \frac{\partial h}{\partial y}\right] = S \frac{\partial h}{\partial t} \qquad (2.33)$$

con S coefficiente di immagazzinamento e T_x e T_y le componenti della trasmissività lungo x e lungo y rispettivamente.

Il coefficiente d'immagazzinamento $S = S_s B$ è un parametro adimensionale e rappresenta il volume d'acqua rilasciato da una colonna di acquifero di sezione unitaria e altezza B per un abbassamento unitario della superficie piezometrica.

2.3 LE CONDIZIONI AL CONTORNO

Le condizioni al contorno riguardano prescrizioni sul carico idrau-lico e sulla portata, a seconda dei casi si hanno:

– Condizioni di Dirichlet: si hanno quando si assegna il carico idraulico sul contorno:

$$h(x,y,z,t) = h^*(t) \qquad (x,y,z,t) \in \Gamma_1$$

– Condizioni di Neumann: si hanno quando si assegna ad una parte del contorno un valore di portata:

$$qn = -K\nabla h^* n = g^*(x,y,z,t) \qquad (x,y,z,t) \in \Gamma_2$$

– Condizioni di Cauchy: si hanno quando su una parte del con-torno si assegna sia il carico idraulico, sia la portata.

$$-K\nabla h^* n = N_0 + R_b(h_b - h) \qquad (x,y,z,t) \in \Gamma_3$$

dove con N_0 si indica un flusso esterno indipendente del carico, R_b la resistenza esterna $[T^{-1}]$ e h_b il carico idraulico esterno.

2.4 SOLUZIONI PARTICOLARI DELL'EQUAZIONE DEL MOTO

2.4.1 *Moto idrico radiale stazionario*

Per studiare il caso di moto radiale, ossia, il moto convergente verso un pozzo di emungimento singolo estraente la portata Q, è utile porsi in coordinate polari (r,θ). Nell'ipotesi di acquifero confinato omogeneo ed isotropo e flusso in condizioni stazionarie, l'equazione del moto idrico sotterraneo diventa:

$$\frac{1}{r}\frac{\partial}{\partial r}\left(r\frac{\partial h}{\partial r}\right) + \frac{1}{r^2}\frac{\partial^2 h}{\partial \vartheta^2} = 0 \qquad (2.34)$$

L'assunzione fatta di mezzo omogeneo ed isotropo, nonchè la condizione di emungimento da un singolo pozzo, rende il fenomeno radial simmetrico pertanto l'equazione (2.34) non dipende più dalle coordinate θ.[2] L'equazione del moto (2.34) diventa:

$$\frac{\partial^2 h}{\partial r^2} + \frac{1}{r}\frac{\partial h}{\partial r} = 0 \qquad (2.35)$$

ed introducendo una variabile ausiliaria $\phi = \frac{\partial h}{\partial r}$ l'equazione (2.35) diventa:

$$\frac{\partial \phi}{\partial r} + \frac{\phi}{r} = 0$$

l'integrale di questa equazione differenziale di primo grado si ottiene separando le variabili ϕ e r:

$$\phi r = \exp(\text{cost}) = C_1$$

ritornando al carico idraulico h, si ottiene:

$$r\frac{\partial h}{\partial r} = C_1 \qquad (2.36)$$

separando nuovamente le variabili ed integrando si ha:

$$h = C_1 \ln r + C_2 \qquad (2.37)$$

Quest'ultima rappresenta la soluzione generale della equazione differenziale del moto. Da essa si può desumere che $h(r)$ varia logaritmicamente con la distanza dal pozzo di emungimento e che le linee equipotenziali sono cerchi concentrici con centro nel pozzo.

Le costanti di integrazione possono essere determinate attraverso le condizioni al contorno. La prima condizione al contorno riguarda il pozzo di emungimento ($r = 0$). Alla luce delle considerazioni fatte, si può scrivere, applicando la legge di Darcy, che:

$$Q = K2\pi r_w B \frac{\partial h}{\partial r}$$

---

2 L'ipotesi di simmetria radiale permette di considerare una sezione verticale con origine nel pozzo e lunghezza infinita

da cui si ha:

$$C_1 = \frac{Q}{2\pi KB}$$

Pertanto, ponendo $T = KB$, la (2.37) diventa:

$$h(r) = \frac{Q}{2\pi T} \ln r + C_2 \qquad (2.38)$$

Ora, occorre utilizzare una nuova condizione al contorno per determinare la seconda costante di integrazione C_2. Introducendo una distanza R, denominata raggio d'influenza del pozzo, per la quale si assume che per $r = R$, la superficie piezometrica occupa la posizione indisturbata $(h = h_0)$, cioè, precedente all'emungimento, si ha:

$$h_0 - \frac{Q}{2\pi T} \ln R = C_2$$

ed infine:

$$h(r) = \frac{Q}{2\pi T} \ln \frac{r}{R} + h_0 \qquad (2.39)$$

la (2.39) corrisponde alla soluzione esatta per il moto idrico sotterraneo verso un pozzo di emungimento isolato operante in un acquifero confinato a geometria cilindrica di spessore B. Inoltre, ponendo l'abbassamento piezometrico pari a $s(r) = h_0 - h(r)$, esso è dato da:

$$s(r) = \frac{Q}{2\pi T} \ln \frac{R}{r} \qquad (2.40)$$

Questa è la cosiddetta soluzione di Thiem.

Nel caso invece di un acquifero freatico, l'equazione del flusso idrico da risolvere è la seguente:

$$\frac{\partial}{\partial x}\left[K_x h \frac{\partial h}{\partial x}\right] + \frac{\partial}{\partial y}\left[K_y h \frac{\partial h}{\partial y}\right] = n_d \frac{\partial h}{\partial t}$$

Nell'ipotesi di acquifero omogeneo ed isotropo e flusso in condizioni stazionarie, l'equazione del moto idrico diventa:

$$\frac{\partial^2 h^2}{\partial x^2} + \frac{\partial^2 h^2}{\partial y^2} = 0$$

che in coordinate polari è:

$$\frac{\partial^2 h^2}{\partial r^2} + \frac{1}{r}\frac{\partial h^2}{\partial r} = 0 \qquad (2.41)$$

al solito, introducendo una variabile ausiliaria ($\phi = \frac{\partial h^2}{\partial r}$) ed integrando si giunge ad un'equazione simile alla (2.37):

$$h^2(r) = C_1 \ln r + C_2$$

Come fatto nel caso di acquifero confinato, le costanti di integrazione vengono determinate attraverso le condizioni al contorno. La prima condizione al contorno riguarda il pozzo di emungimento ($r = 0$):

$$Q = K 2\pi r_w h \frac{\partial h}{\partial r} = K\pi r_w \frac{\partial h^2}{\partial r}$$

da cui si ha:

$$C_1 = \frac{Q}{\pi K}$$

La costante C2 può essere determinata attraverso l'altra condizione al contorno (di Dirchlet), ovvero $h = h_0$ per $r = R$:

$$h_0^2 = \frac{Q}{\pi K} \ln R + C_2$$

ed infine

$$h^2(r) - h_0^2 = \frac{Q}{\pi K} \ln \frac{r}{R} \qquad (2.42)$$

la (2.42) corrisponde alla soluzione esatta per il moto idrico sotterraneo verso un pozzo di emungimento isolato operante in un acquifero freatico

2.4.2   *Moto idrico radiale transitorio*

Nelle stesse ipotesi precedenti ma in condizioni transitorie l'equazione fondamentale del moto idrico sotterraneo, scritta in termini di abbassamento $s(r, t) = h_0 - h(r, t)$, è:

$$\frac{\partial^2 s}{\partial r^2} + \frac{1}{r}\frac{\partial s}{\partial r} = \frac{S}{T}\frac{\partial s}{\partial t} \qquad (2.43)$$

in tal caso le condizioni al contorno e quelle iniziali sono le seguenti:

$$\lim_{r \to 0}\left(r\frac{\partial s}{\partial r}\right) = \frac{Q}{2\pi T}$$
$$s(\infty, t) = 0$$
$$s(r, 0) = 0$$

La soluzione di tale equazione differenziale del secondo ordine può essere ottenuta utilizzando la trasformazione di Boltzman, ovvero $u = \frac{r^2 S}{4Tt}$ [Theis, 1935]. A questo punto possiamo ricavare i tre termini della (2.43):

$$\frac{\partial s}{\partial r} = \frac{ds}{du}\frac{\partial u}{\partial r} = \frac{rS}{2Tt}\frac{ds}{du}$$

$$\begin{aligned}
\frac{\partial^2 s}{\partial r^2} &= \frac{\partial}{\partial r}\left(\frac{\partial s}{\partial r}\right) = \frac{\partial}{\partial r}\left(\frac{rS}{2Tt}\frac{ds}{du}\right) \\
&= \frac{S}{2Tt}\frac{ds}{du} + \frac{rS}{2Tt}\frac{d\left(\frac{ds}{du}\right)}{du}\left(\frac{\partial u}{\partial r}\right) \\
&= \frac{S}{2Tt}\frac{ds}{du} + \frac{r^2 S^2}{4T^2 t^2}\frac{d^2 s}{du^2}
\end{aligned} \qquad (2.44)$$

$$\frac{\partial s}{\partial t} = \frac{ds}{du}\frac{\partial u}{\partial t} = -\frac{r^2 S}{4Tt^2}\frac{ds}{du}$$

sostituendo le (2.44) nell'equazione (2.43) si otterrà:

$$u\frac{d^2s}{du^2} + (u+1)\frac{ds}{du} = 0 \qquad (2.45)$$

ponendo $\Phi = u\dfrac{ds}{du}$, si ha:

$$\frac{d\Phi}{du} + \Phi = 0$$

separando le variabili ed integrando si ottiene:

$$\Phi = C_1\,e^{-u}$$

dalla prima condizione al contorno e sostituendo $r\frac{ds}{dr}$ con $r\frac{ds}{du}\frac{du}{dr}$ si ottiene:

$$\lim_{u\to 0}\left[u\frac{ds}{du}\right] = C_1 = \frac{Q}{4\pi T}$$

Ritornando ad s si ha:

$$\frac{ds}{du} = \frac{Q}{4\pi T}\frac{e^{-u}}{u} \qquad (2.46)$$

La soluzione di tale equazione si ottiene integrando la (2.46) [Theis, 1935]:

$$s = \frac{Q}{4\pi T}W(u) \qquad (2.47)$$

la (2.47) è detta soluzione di Theis, $W(u)$ è:

$$W(u) = \int_u^{\infty} \frac{e^{-u}}{u}\,du$$

$W(u)$ è una funzione esponenziale integrale decrescente denominata funzione pozzo (well function). Essa è tabellata e può essere ottenuta anche sviluppandola in serie di Taylor:

$$W(u) = -0,577216 - \ln u + u - \frac{u^2}{2\times 2!} + \frac{u^3}{3\times 3!} - \frac{u^4}{4\times 4!} + \dots \quad (2.48)$$

3

FLUSSO MULTIFASE NEI MEZZI POROSI

Le formazioni del sottosuolo contenenti acqua si suddividono lungo la verticale in diverse zone a seconda della percentuale dei pori occupata dall'acqua. Essenzialmente si distingue una zona di saturazione nella quale i pori sono completamente occupati da acqua ed una sovrastante zona di aerazione nella quale i pori contengono sia gas (aria e vapor acqueo) che acqua. Queste due zone sono divise dalla cosiddetta superficie piezometrica, in corrispondenza della quale la pressione relativa dell'acqua è nulla. Una volta giunto all'interno del sottosuolo, un fluido immiscibile tende a drenare per gravità; l'aria e l'acqua interstiziale vengono spiazzate con un contemporaneo instaurarsi di fenomeni di trasporto, di trasformazione e di interazione che sono funzione delle caratteristiche del terreno e delle proprietà chimico-fisiche dei singoli fluidi.

Nel momento in cui un liquido si trova a contatto con un'altra sostanza si ha energia libera di interfaccia tra le due fasi. Ciò è dovuto alla differenza di attrazione tra le molecole all'interno della singola fase e quelle nei pressi della superficie di contatto.

La mutua attrazione tra le singole molecole di una fase diminuisce rapidamente con la distanza, fino a diventare trascurabile nell'arco di pochi diametri molecolari. Pertanto lungo la superficie limite della fase le forze di mutua attrazione non sono più bilanciate, evidenziando una risultante diretta in direzione normale alla superficie di contorno. Affinché si possa deformare la fase in modo tale da aumentare tale superficie di contatto è necessario che avvenga il trasferimento di molecole dalle zone interne alle zone superficiali di nuova formazione, implicando l'esecuzione di un lavoro.

Il lavoro necessario per allungare di una lunghezza δ una porzione di superficie di confine di larghezza b è legato allo spostamento δs provocata da una forza s_b applicata lungo il bordo. A causa delle dimensioni molto piccole della pellicola in cui si ma-

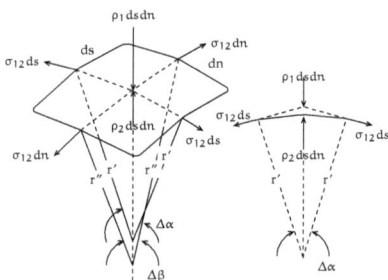

Figura 3.1: Equilibrio all'interfaccia curva aria-acqua [Bear, 1979]

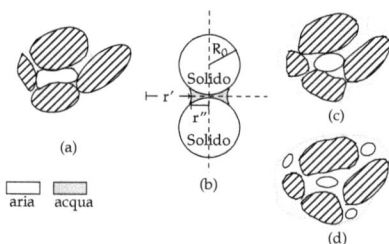

Figura 3.2: Possibili stati di saturazione in un mezzo poroso: (a) Saturazione pendolare (b) Anelli pendolari tra due sfere (c) Saturazione funicolare (d) Saturazione con aria isolare [Bear, 1979]

nifestano gli squilibri tra le forze in gioco, si ipotizza che questa forza s sia concentrata sul bordo della fase e agisca in direzione tangenziale alla superficie limite e normale al contorno, orientata verso l'esterno. È possibile allora definire la tensione di interfaccia s_{ij}, relativa a due sostanze in base al lavoro da compiere per separare l'unità di superficie della sostanza i da quella j. Tale tensione prende il nome di tensione superficiale s_i.

Sull'interfaccia tra le fasi, alcune forze possono avere una diversa influenza sui processi multifase. Tali forze sono dovute alla tensione superficiale causata dagli effetti della coesione molecolare all'interno della singola fase e da quelli della adesione tra le diverse fasi.

3.1 PROPRIETÀ DEI PARAMETRI CARATTERISTICI DEL SISTEMA MULTIFASE

Per definire il flusso all'interno di un sistema multifase devono essere considerati diversi parametri caratteristici del mezzo poroso. Di seguito se ne elencano i parametri necessari illustrandone brevemente le loro caratteristiche principali.

3.1.1 *Contenuto idrico*

Il contenuto idrico nel suolo è il rapporto tra il volume dell'acqua presente in un campione di suolo ed il volume del suolo stesso, pertanto è un valore adimensionale:

$$\theta = \frac{V_W}{V_T} \qquad (3.1)$$

Tale quantità è caratterizzata da un limite inferiore e da un limite superiore. Il limite inferiore θ_r, denominato contenuto idrico residuo, risulta essere maggiore di zero in quanto, a causa delle forze agenti tra suolo e acqua, risulta praticamente impossibile riuscire ad estrarre la totalità dell'acqua presente nel campione di suolo. Per quanto riguarda invece il limite superiore θ_s, denominato contenuto d'acqua a saturazione, questo può essere in prima approssimazione posto uguale alla porosità n, assumendo quindi che l'acqua, in condizioni di saturazione, riesca ad occupare la totalità del volume dei pori.

$$\theta_r \leqslant \theta \leqslant \theta_s \qquad (3.2)$$

Un'altra grandezza utile a caratterizzare il flusso multifasico è il grado di saturazione S_w [·]. Esso indica la percentuale d'acqua nei vuoti del terreno ed è definito come il rapporto fra il volume d'acqua e quello dei vuoti:

$$S_w = \frac{V_w}{V_v} \quad con \quad S_{w_r} < S_w \leqslant 1$$

con S_{w_r} grado di saturazione residua.

Risulta comodo anche riferirsi ad un valore normalizzato di S chiamato grado di saturazione effettiva S_e che vari cioè tra 0 e 1:

$$S_e = \frac{\theta - \theta_r}{\theta_s - \theta_r} \quad 0 \leqslant S_e \leqslant 1 \tag{3.3}$$

3.1.2 Densità

La densità ρ di un corpo, chiamata più correttamente massa volumica o massa specifica, è definita come il rapporto tra la massa ed il volume del corpo stesso $[ML^{-3}]$.

$$\rho = \frac{m}{V} \tag{3.4}$$

La densità dell'acqua può essere, anche, espressa in forma differenziale nel modo seguente [Helmig, 1997]:

$$d\rho = \rho\beta_p\,dp + \rho\beta_T\,dT \tag{3.5}$$

Il coefficiente di compressibilità isotermico $\beta_p = \partial\rho/(\partial p \cdot \rho)$ $[Pa^{-1}]$ e il coefficiente di espansione isobarico $\beta_T = \partial\rho/(\partial T \cdot \rho)$ $[K^{-1}]$ rappresentano rispettivamente la variazione di densità causata dalla variazione di pressione a temperatura costante e la variazione di densità causata dalla variazione di temperatura a pressione costante.

La densità della fase gassosa è la somma delle densità parziali dell'aria secca ρ_g^a e del vapor acqueo ρ_g^w:

$$\rho_g(p_g, T) = \rho_g^a(p_g^a, T) + \rho_g^w(p_g^w, T) = \frac{\rho_g^K}{X_g^K}(\rho_g^K, T) \tag{3.6}$$

con

$$\rho_g^K(p_g^K, T) = \frac{p_g^K}{Z^K R^K T} \tag{3.7}$$

in cui R^K è la costante individuale del gas e Z^K è il fattore dei gas reali per la componente K. L'aria è considerata un gas ideale

$(Z^{\alpha} = 1)$. Pertanto la densità può essere descritta da un equazione termica di stato per un gas ideale:

$$p = \rho \frac{R}{M} T = \frac{m}{V} \frac{R}{M} T = \frac{n}{V} RT \qquad (3.8)$$

dove n rappresenta il numero di moli, m la massa e R la costante universale dei gas.

3.1.3 *Viscosità*

La viscosità dinamica μ è una grandezza fisica che quantifica la resistenza dei fluidi allo scorrimento, quindi può essere vista come la coesione interna del fluido.

La viscosità dinamica è un fattore di proporzionalità che lega l'angolo di deformazione temporale γ di un volume di fluido al taglio τ.

$$\tau = \mu \frac{\partial \gamma}{\partial t} \qquad (3.9)$$

La viscosità dell'acqua dipende dalla temperatura T e dagli eventuali componenti disciolti in essa. La viscosità dinamica dell'acqua pura è espressa dal grafico riportato in Figura 3.3 [Helmig, 1997]:

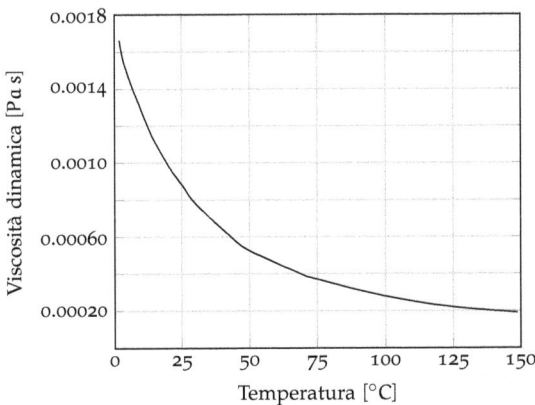

Figura 3.3: Viscosità dinamica dell'acqua in funzione della temperatura

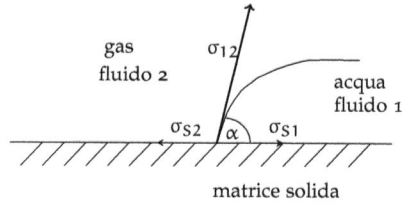

Figura 3.4: Tensione di interfaccia e angolo limite

A differenza dell'acqua, per i gas la viscosità aumenta all'aumentare della temperatura. Tuttavia, se si tiene conto che, all'aumentare della temperatura, la percentuale di vapore nella fase gassosa aumenta, diventa chiaro che, per gli stati termodinamici nella zona della curva di pressione di vapore di saturazione, la viscosità viene ridotta nuovamente [Helmig, 1997].

3.1.4 Capillarità

Allo scopo di mostrare l'influenza di una superficie solida, consideriamo due fluidi immiscibili (ad esempio gas e acqua); l'interazione delle forze molecolari tra le tre fasi (aria, acqua, matrice solida) si traduce in un angolo limite α tra fase solida dei grani e interfaccia tra i fluidi 1 e 2. L'influenza di queste forze diminuisce all'aumentare della distanza con la superficie dei grani. All'equilibrio la somma delle tre forze è pari a zero (equazione di Young):

$$\sigma_{S_2} = \sigma_{S_1} + \sigma_{12} \cos \alpha \tag{3.10}$$

e l'angolo limite vale:

$$\alpha = \arccos\left(\frac{\sigma_{S_2} - \sigma_{S_1}}{\sigma_{12}}\right) \tag{3.11}$$

Un fluido che formi un angolo limite acuto prende il nome di fluido bagnante rispetto alla fase solida (acqua); un fluido invece che formi un angolo ottuso è un fluido non bagnante (gas).

In un tubo capillare a sezione circolare, questo si evidenzia come un'interfaccia curva; l'interfaccia assume una forma che minimizza l'energia potenziale totale del sistema. L'equilibrio porta a una discontinuità di pressione all'interfaccia tra i due fluidi. Tale differenza di pressione tra il primo e il secondo fluido prende il nome di pressione capillare:

$$p_{c12} = p_2 - p_1 \qquad (3.12)$$

L'equazione di Laplace è formulata per la pressione capillare nel seguente modo:

$$p_{c12} = \sigma_{12} \left(\frac{1}{r_x} + \frac{1}{r_y} \right) \cos \alpha \qquad (3.13)$$

in cui σ rappresenta la tensione superficiale e r_x e r_y rispettivamente i raggi di curvatura dei menischi considerati. Perciò, per via di r_x e r_y la pressione capillare dipende dagli spazi o dalla geometria dei vuoti, mentre per via di σ dipende dalla struttura chimica dei fluidi e del solido. L'equazione mostra che al diminuire del raggio dei menischi aumenta la pressione capillare.

Nell'ipotesi che il menisco sia assimilabile ad una calotta sferica di raggio $r_x = r_y = r$ si ha:

$$p_{c12} = \frac{4\sigma_{12} \cos \alpha}{d} \qquad (3.14)$$

essendo d il diametro del tubo capillare. Il fluido sottosposto alla capillarità tenderà a salire all'interno del tubicino sino a raggiungere un'altezza h_c tale che il peso del fluido sollevato $((\pi d^2/4)\gamma h_c)$ dia origine ad una forza contraria $(\sigma_{12}\cos\alpha(\pi d))$. In tali condizioni di equilibrio l'altezza raggiungibile dal liquido è:

$$h_c = \frac{4\sigma_{12} \cos \alpha}{\gamma d} \qquad (3.15)$$

3.1.5 Pressione capillare in sistemi multifase

In un sistema multifase esiste una relazione fondamentale tra il grado di saturazione della fase bagnante e non bagnante e la pressione capillare. Per effetto della tensione superficiale σ e dell'angolo limite α, la funzione pressione capillare-grado di saturazione $p_c(S_w)$ dipende dalla composizione chimica delle fasi solida e fluida nella matrice porosa e nei vuoti. Per effetto del raggio dei pori r invece, dipende proprio dalla geometria dei pori e quindi dal grado di saturazione.

È chiaramente impossibile determinare una relazione analitica della funzione $p_c(S_w)$, a causa della disposizione estremamente irregolare nella geometria dei pori. Esistono diversi modelli che provano a determinare tale funzione, i più noti dei quali sono quelli di R.H. Brooks e Corey [1964] e Van Genuchten [1980].

Il modello di Brooks & Corey, ha la seguente forma:

$$ p_c(S_w) = p_d S_e^{-1/\lambda} \qquad p_c \geqslant p_d \tag{3.16} $$

mentre quello di Van Genuchten:

$$ p_c(S_w) = \frac{1}{\alpha}\left(S_e^{-1/m} - 1\right)^{1/n} \qquad p_c > 0 \tag{3.17} $$

con S_e saturazione effettiva [·]; S_{wr} saturazione residua dell'acqua [·]; λ parametro di Brooks & Corey [·] insieme a p_d [Pa] nota con il nome di entry pressure n ed m parametri di Van Genuchten [·] insieme ad α [1/Pa]. Questi si basano sulla distribuzione, sulla dimensione e sull'interconnettività che caratterizzano la geometria dello spazio dei pori. Sono determinati al fine di adattare i modelli ai dati sperimentali.

Il parametro di Brooks & Corey λ generalmente è compreso tra 0.2 e 0.3; un valore moto piccolo di λ è caratteristico di un mezzo poroso monogranulare, mentre un valore molto grande indica un terreno molto eterogeneo. La *entry pressure* p_d rappresenta la pressione capillare necessaria per spostare la fase bagnante dal più grande poro presente.

Van Genuchten (1980) definisce n ed α direttamente, mentre il parametro m è definito in funzione di n ($m = 1 - 1/n$).

3.1.6 Conducibilità idraulica in sistemi multifase

La conducibilità idraulica come definita da Darcy [1856] è il coefficiente di proporzionalità che descrive il tasso al quale l'acqua può essere trasmessa attraverso il mezzo poroso. Questo può essere scritto matematicamente come:

$$K = -\frac{Q}{A\frac{dh}{dL}} \qquad (3.18)$$

dove K è la conducibilità idraulica [L T^{-1}], Q è la portata [L^3 T^{-1}], A l'area della sezione attraversata [L^2], dh/dL è il gradiente [·]. La conducibilità idraulica dipende anche dalla densità e viscosità dei fluidi che scorrono attraverso il mezzo naturale. In un sistema multifase, ovvero in presenza di più fasi fluide, si può scrivere:

$$K = k_0 k_{r\alpha} \frac{\rho_\alpha g}{\mu_\alpha} \qquad (3.19)$$

dove k_0 è la permeabilità intrinseca [L^2], $k_{r\alpha}$ è la permeabilità relativa [·] e dipende dalla saturazione della fase S_α, ρ_α è la densità del fluido [ML^{-3}] della fase α e μ_α è la viscosità dinamica della rispettiva fase α [ML^{-1}T^{-1}]. Il prodotto tra k_0 e $k_r\alpha$ è la permeabilità o conducibilità idraulica della singola fase.

La permeabilità intrinseca è funzione solo dei mezzi naturali mentre la permeabilità relativa $k_{r\alpha}$ dipende dal grado di saturazione.

Nel momento in cui vi è la presenza contemporanea di due o più fluidi che riempiono i pori, occorre poter descrivere la capacità del mezzo poroso di far fluire preferibilmente l'uno o l'altro di questi. La permeabilità di un fluido varia al variare della relazione tra le loro saturazioni. Nel caso di due fluidi, ad esempio, le permeabilità relative sono espresse da una coppia di curve. In queste situazioni il valore della permeabilità relativa dipende anche dal valore della saturazione del fluido, maggiore è la saturazione della specifica fase, maggiore è la permeabilità relativa della stessa.

La dipendenza della permeabilità relativa dal grado di saturazione può essere spiegata da una considerazione macroscopica dei percorsi di flusso di un singolo fluido all'interno dei pori.

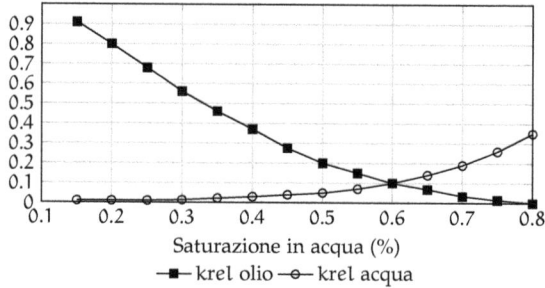

Figura 3.5: Esempio di curve di permeabilità relativa

La permeabilità relativa dipende dalla forma e dalla dimensione dei pori all'interno dei quali scorre il fluido: a causa degli effetti della pressione capillare, il fluido bagnante andrà ad occupare i pori più piccoli, mentre quello non bagnante andrà ad occupare quelli più grandi. L'influenza della tortuosità sulla permeabilità fa sì che l'attuale direzione di flusso non coincida con quella formulata dalla legge di Darcy. Pertanto, il gradiente di pressione è calcolato rispetto all'effettiva lunghezza dei pori. Basandosi sull'ipotesi che il mezzo poroso è un insieme di fasci paralleli, e i tubi capillari hanno un raggio dei pori variabile, si può desumere che il flusso di ciascuna fase è direttamente proporzionale al rispettivo grado di saturazione.

Tutti questi effetti inducono una forte dipendenza della permeabilità effettiva $k_{r\alpha}$ rispetto al grado di saturazione S_α del fluido α. Tuttavia, a causa della complessa geometria dei pori, tale correlazione può essere determinata esclusivamente da un punto di vista qualitativo.

Per la relazione permeabilità relativa-grado di saturazione per un sistema multifase le parametrizzazioni proposte possono essere divise in due gruppi: 1) funzioni basate su dati empirici dell'effettivo grado di saturazione [Burdine, 1953; Mualem, 1976] e 2) funzioni che possono essere differenziate sulla base della relazione R.H. Brooks e Corey [1964] e Van Genuchten [1980].

Per un sistema bifase, in cui il pedice w rappresenta la fase bagnante e quello n la fase non bagnante, da un punto di vista analitico le funzioni appartenenti al primo gruppo sono espresse dalle relazioni:

$$k_{rw} = S_e^A \left[\frac{\int_0^{S_e} \frac{1}{[p_c(S^*)]^B} dS^*}{\int_0^1 \frac{1}{[p_c(S^*)]^B} dS^*} \right]^C \tag{3.20}$$

$$k_{rn} = (1 - S_e)^A \left[\frac{\int_{S_e}^1 \frac{1}{[p_c(S^*)]^B} dS^*}{\int_0^1 \frac{1}{[p_c(S^*)]^B} dS^*} \right]^C \tag{3.21}$$

in cui $p_c(S^*)$ rappresenta la curva della pressione capillare scalata, mentre i parametri A, B, C sono definiti dalla seguente tabella:

	A	B	C
Mualem	0.5	1	2
Burdine	2	2	1

Tabella 3.1: Esponenti A, B e C delle equazioni (3.20), (3.21) secondo Burdine [1953] e Mualem [1976].

Gli estremi di integrazione dei numeratori sono scelti in base al fatto che la fase non bagnante riempie i pori più grandi e la fase bagnante quelli più piccoli. Le funzioni appartenenti al secondo gruppo sono formulate nel modo seguente. Il modello Brooks & Corey è applicato combinato al teorema di Burdine [1953]:

$$k_{rw} = S_e^{\frac{2+3\lambda}{\lambda}} \tag{3.22}$$

$$k_{rn} = (1 - S_e)^2 \left(1 - S_e^{\frac{2+\lambda}{\lambda}}\right)^2 \tag{3.23}$$

dove λ rappresenta la costante empirica di Brooks & Corey. Il mo-

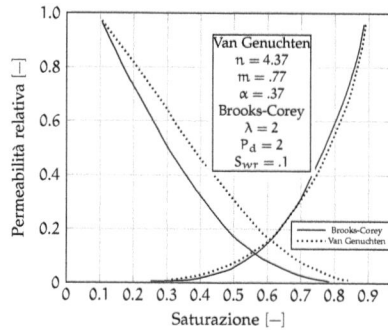

Figura 3.6: Relazione permeabilità relativa-grado di saturazione secondo R.H. Brooks e Corey [1964] e Van Genuchten [1980]

dello di Van Genuchten, invece, è applicato secondo l'approccio di Mualem [1976]:

$$k_{rw} = S_e^\epsilon \left[1 - (1 - S_e^{\frac{1}{m}})^m \right]^2 \qquad (3.24)$$

$$k_{rn} = (1 - S_e)^\gamma \left[1 - S_e^{\frac{1}{m}} \right]^{2m} \qquad (3.25)$$

in cui m è un coefficiente empirico, mentre ϵ e γ sono parametri che descrivono la connettività dei pori (generalmente $\epsilon = 1/2$ e $\gamma = 1/3$). Le figure (3.6, 3.7 e 3.8) mostrano le relazioni sopra citate.

Si evidenzia come per il fluido bagnante si ha un lieve aumento di k_{rw} per valori bassi di S_e e un forte aumento per valori più elevati di S_e. Ciò è dovuto al fatto che, in caso di bassa saturazione, il fluido riempie solo i pori molto piccoli, in cui i movimenti di flusso sono pressoché impossibili a causa della forte attrazione molecolare, mentre i pori più grandi sono riempiti in caso di una saturazione quasi completa del sistema.

Il fluido non bagnante, invece, mostra un rapido e considerevole aumento per basse saturazioni, in quanto in questo caso i pori più grandi sono riempiti per prima, mentre per saturazione quasi completa solo i pori molto piccoli sono riempiti, senza influenzare

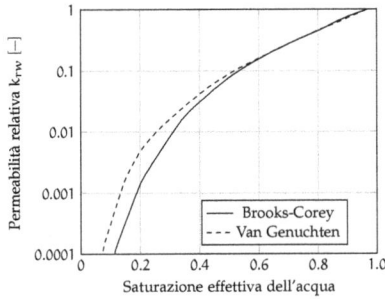

Figura 3.7: Permeabilità relativa in funzione dell'effettiva saturazione; fase bagnante [R.H. Brooks e Corey, 1964; Van Genuchten, 1980]

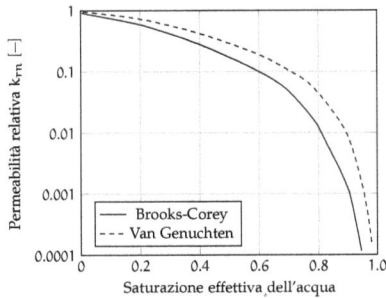

Figura 3.8: Permeabilità relativa in funzione dell'effettiva saturazione; fase non bagnante [R.H. Brooks e Corey, 1964; Van Genuchten, 1980]

il comportamento del flusso.

3.2   EQUAZIONI DI BILANCIO DI MASSA

Come già anticipato nel paragrafo precedente il mezzo poroso è caratterizzato dalla presenza di diverse fasi; i vuoti infatti possono essere riempiti da una fase gassosa (aria o vapor acqueo) e/o da una fase liquida (bagnante e non bagnante). In questo paragrafo si analizzano le equazioni di bilancio di massa relative ad un flusso multifase nel mezzo poroso, al fine di ottenere un'equazione che descriva ciascuna singola fase presente.

Trascrivendo matematicamente il principio di conservazione della massa fluida all'interno di un volume di controllo di un mezzo poroso (REV) si ottiene la forma generale dell'equazione di continuità:

$$\int_V \left[\frac{\partial(\rho n)}{\partial t} + \nabla(\rho \mathbf{q}) + r \right] dV = 0 \qquad (3.26)$$

con $\mathbf{q}$ velocità media di Darcy e r termine sorgente $[ML^{-3}T^{-1}]$ di segno negativo se si tratta di immissione, positivo al contrario. Poichè il volume di controllo rimane costante nello spazio e nel tempo, la (3.26) diventa:

$$\frac{\partial(\rho n)}{\partial t} + \nabla(\rho \mathbf{q}) + r = 0 \qquad (3.27)$$

con funzione integranda continua, poiché l'equazione vale per un volume V qualsiasi.

Nel caso in cui il flusso avvenga in un acquifero saturo, lo spazio dei pori è riempito dalla fase acquosa. Laddove nello spazio dei pori coesista più di un fluido, il sistema è chiamato sistema multifase. L'equazione di continuità per ciascuna fase all'interno di un sistema multifase può essere derivata dall'equazione (3.27) tenendo conto che una fase non riempie completamente i pori. Di seguito si farà riferimento al generico flusso multifase, indicando con il pedice α la singola fase. Pertanto, la frazione di volume θ_α per ciascuna fase è usata come percentuale di volume di accumulo al posto della porosità totale n. L'equazione del sistema multifase diventa:

$$\frac{\partial(\rho_\alpha\theta_\alpha)}{\partial t} + \nabla(\rho_\alpha\mathbf{q}_\alpha) + r_\alpha = 0 \qquad (3.28)$$

Se definiamo il grado di saturazione S_α come la frazione di spazio dei vuoti riempita dalla fase α-esima allora vale la seguente relazione $\theta_\alpha = S_\alpha n$ e l'equazione di continuità diventa:

$$\frac{\partial(S_\alpha n\rho_\alpha)}{\partial t} + \nabla(\rho_\alpha\mathbf{q}_\alpha) + r_\alpha = 0 \qquad (3.29)$$

Il primo termine prende il nome di termine di accumulo e rappresenta la variazione temporale della saturazione, della porosità e della densità, ovvero:

$$\frac{\partial(S_\alpha n\rho_\alpha)}{\partial t} = nS_\alpha\frac{\partial\rho_\alpha}{\partial t} + \rho_\alpha S_\alpha\frac{\partial n}{\partial t} + n\rho_\alpha\frac{\partial S_\alpha}{\partial t} \qquad (3.30)$$

in cui il primo termine prende il nome di termine di accumulo della matrice fluida, il secondo di termine di accumulo della matrice solida e il terzo di termine di saturazione. I primi due termini tengono conto della compressibilità della matrice solida e del fluido ed esistono sia in zona satura che insatura. Il terzo termine considera l'accumulo attraverso i cambiamenti nel grado di saturazione, pertanto esiste solo in caso di sistema multifase.

La variazione di porosità, dipendente dalla pressione del fluido in un sistema multifase, può essere omessa, a causa della differenza di pressione nel tempo relativamente bassa ($\partial n/\partial p \simeq 0$). Inoltre, assumiamo che la matrice non si comprima e non si dilati a causa delle variazioni di saturazione ($\partial n/\partial S \simeq 0$), così come avviene nei terreni argillosi.

3.3 LEGGE DI DARCY ED ESTENSIONE DELLA LEGGE AL MULTIFASE

L'equazione che descrive il principio di conservazione della quantità di moto a livello macroscopico è la Legge di Darcy [1856]. La forma differenziale di questa legge è stata ottenuta teoricamente

integrando l'equazione di Navier-Stockes per configurazioni semplici assimilabili al flusso idrico in un mezzo poroso (vedi paragrafo 2.1). In letteratura tale legge è utilizzata anche per descrivere un
flusso multifase poiché risulta essere efficace per un gran numero
di casi di interesse.

Attraverso un gran numero di esperimenti sui processi multifase Scheidegger, 1974 ha mostrato come la velocità di Darcy per
ciascuna fase in un mezzo poroso può essere descritta dalla legge
di Darcy:

$$\mathbf{q}_\alpha = -k_0 \frac{K_\alpha}{\mu_\alpha} \cdot (\nabla p_\alpha - \rho_\alpha \mathbf{g}) \tag{3.31}$$

con $\mathbf{g}$ vettore accelerazione di gravità. Dalla definizione della
permeabilità relativa $k_{r\alpha}$ possiamo scrivere la relazione tra conducibilità per la fase α-esima K_α e permeabilità intrinseca k_0:

$$\mathbf{K}_\alpha = k_{r\alpha}\mathbf{k} \tag{3.32}$$

Le permeabilità relative $k_{r\alpha}$ possono essere considerate come
fattori di scala che dipendono dalle saturazioni della fase presente
e sono soggette al seguente vincolo:

$$0 \leqslant (k_{r1}, \ldots, k_{r\alpha}) \leqslant 1 \quad \forall \alpha \tag{3.33}$$

La forma generalizzata della legge di Darcy può essere allora
riscritta come:

$$\mathbf{q}_\alpha = -\mathbf{k_0} \frac{k_{r\alpha}}{\mu_\alpha} \cdot \nabla(p_\alpha + \rho_\alpha g z) \tag{3.34}$$

Se inseriamo la legge di Darcy generalizzata (3.34) nelle equazioni (3.29) e (3.30) otteniamo il seguente sistema di equazioni differenziali per il flusso multifase:

$$\nabla\left\{\rho_\alpha \frac{k_{r\alpha}}{\mu_\alpha}\mathbf{k_0}\cdot\nabla(p_\alpha+\rho_\alpha gz)\right\}+r_\alpha=$$
$$n\rho_\alpha\frac{\partial S_\alpha}{\partial t}+\rho_\alpha S_\alpha\frac{\partial n}{\partial t}+nS_\alpha\frac{d\rho_\alpha}{dp_\alpha}\frac{\partial p_\alpha}{\partial t} \qquad (3.35)$$

con i vincoli ulteriori:

$$\sum_{\alpha=1}^{n_{f}ase} S_\alpha=1 \qquad (3.36)$$

$$p_{c\beta\alpha}=p_\beta-p_\alpha=f(S_1,\ldots,S_{n_{fase}}) \quad \forall\alpha,\beta, \quad \alpha\neq\beta \qquad (3.37)$$

La pressione capillare p_c tra la fase β e la fase α dipende dal grado di saturazione.

In ossequio a questi vincoli, l'equazione (3.35) rappresenta un sistema dinamico accoppiato di equazioni differenziali, che descrive il flusso simultaneo di due o più fluidi immiscibili in un mezzo poroso saturo o non saturo. Il comportamento del sistema di equazioni è fortemente non lineare a causa della dipendenza non lineare tra il grado di saturazione con le pressioni capillari e le permeabilità relative. Tale non linearità è rafforzata dal fatto che le relazioni costitutive, cosí come il comportamento del flusso in un mezzo poroso, possono variare fortemente.

A questo punto è possibile caratterizzare l'equazione di bilancio di massa (3.35) per ciascuna delle fasi presenti nel flusso. I vuoti presenti negli interstizi del mezzo poroso possono essere riempiti da tre fasi: 1) la fase gassosa (g); 2) la fase bagnante[1] (w) e 3) la fase non bagnante[2] (n).

---

1 L'acqua è considerato un fluido bagnante poiché favorisce il contatto tra acqua e matrice solida (cioè i grani minerali che costituiscono la falda acquifera).
2 L'idrocarburo è ad esempio un fluido non-bagnante in quanto possiede una minore tendenza ad interagire con la matrice solida rispetto all'acqua [Charbeneau, 2000]

3.3.1 *L'equazione di Bilancio di massa della fase gassosa*

A partire dall'equazione generale (3.35) è possibile caratterizzare il bilancio di massa per la fase gassosa:

$$\nabla\left\{\rho_g \frac{k_{rg}}{\mu_g}\mathbf{k_0} \cdot \nabla(p_g + \rho_g gz)\right\} + r_g =$$
$$n\rho_g \frac{\partial S_g}{\partial t} + \rho_g S_g \frac{\partial n}{\partial t} + nS_g \frac{d\rho_g}{dp_g}\frac{\partial p_g}{\partial t} \tag{3.38}$$

3.3.2 *L'equazione di Bilancio di massa della fase bagnante*

Per quanto riguarda la fase bagnante, ovvero il fluido che si infiltra all'interno del mezzo poroso, l'equazione di bilancio di massa diventa:

$$\nabla\left\{\rho_w \frac{k_{rw}}{\mu_w}\mathbf{k_0} \cdot \nabla(p_w + \rho_w gz)\right\} + r_w =$$
$$n\rho_w \frac{\partial S_w}{\partial t} + \rho_w S_w \frac{\partial n}{\partial t} + nS_w \frac{d\rho_w}{dp_w}\frac{\partial p_w}{\partial t} \tag{3.39}$$

3.3.3 *L'equazione di Bilancio di massa della fase non bagnante*

La fase bagnante presenta un'equazione di bilancio di massa del tipo:

$$\nabla\left\{\rho_n \frac{k_{rn}}{\mu_n}\mathbf{k_0} \cdot \nabla(p_n + \rho_n gz)\right\} + r_n =$$
$$n\rho_n \frac{\partial S_n}{\partial t} + \rho_n S_n \frac{\partial n}{\partial t} + nS_n \frac{d\rho_n}{dp_n}\frac{\partial p_n}{\partial t} \tag{3.40}$$

L'equazione (3.35) è stata definita come l'equazione ottenuta per descrivere un generico flusso multifase. Tuttavia, tale equazione non contiene molte informazioni sulle dinamiche del particolare sistema da descrivere. Tali informazioni devono essere fornite da una serie di relazioni costitutive che specificano le proprietà di ogni fase e le loro mutue interazioni.

Poiché i vari modelli di flusso multifase sono, in generale, un insieme complesso di equazioni fortemente accoppiate non lineari è impossibile, senza semplificazioni forti, ottenere una soluzione analitica per uno di questi modelli. Senza alcuna eccezione è necessario applicare i metodi numerici per ottenere una soluzione.

Di seguito si studia in dettaglio il moto bifase, ovvero il caso in cui oltre all'acqua nei pori si ha la presenza di un fluido non bagnante o di una fase gassosa (*i.e.* il flusso idrico nel non saturo).

3.4   FASE BAGNANTE E FASE NON BAGNANTE

In tale caso, il flusso bifase è costituito da una fase bagnante (acqua) caratterizzata dal pedice w (wetting phase) e da una fase non bagnante caratterizzata dal pedice n (non-wetting phase).

Partendo dall'equazione generale del flusso multifase (3.35), il modello bifase verrà descritto in funzione della pressione o del grado di saturazione.

La relazione tra la pressione capillare e la saturazione, discussa nel paragrafo precedente, mostra come la pressione capillare p_{cn} essendo funzione della saturazione S_w ha un comportamento strettamente monotonico se risulta $dp_{cnw}/dS_\alpha \neq 0$ per ogni fase α. Questa è la precondizione necessaria per l'esistenza di una funzione inversa con:

$$S_\alpha = g_\alpha(p_{cn}) = g_\alpha(p_n - p_w) \qquad \alpha = n, w \qquad (3.41)$$

Partendo dalle equazioni generali per il flusso multifase (3.35), considerando i fluidi bagnanti (w) e non bagnanti (n) incomprimibili ($\partial \rho/\partial t \simeq 0$) e lo scheletro solido indeformabile ($\partial n/\partial t \simeq 0$), le equazioni di conservazione di massa assumono la seguente forma:

$$n\frac{\partial(S_w)}{\partial t} - \mathrm{div}\left\{\frac{k_{rw}}{\mu_w}\mathbf{k_o} \cdot \nabla(p_w + \rho_w gz)\right\} - q_w = 0 \qquad (3.42)$$

$$n\frac{\partial(S_n)}{\partial t} - \mathrm{div}\left\{\frac{k_{rn}}{\mu_n}\mathbf{k_o} \cdot \nabla(p_n + \rho_n gz)\right\} - q_n = 0 \qquad (3.43)$$

dove con q_w e q_n si è indicato il nuovo termine sorgente $[T^{-1}]$.

Poiché stiamo considerando il caso in cui gli spazi vuoti del mezzo poroso sono completamente occupati da acqua e/o da un fluido non bagnante e sapendo che la saturazione di una fase fluida può variare tra 0 e 1, possiamo scrivere che:

$$S_w + S_n = 1 \qquad (3.44)$$

La pressione capillare, come già definita in precedenza, è la differenza di pressione tra le interfacce della fase non-bagnante e di quella bagnante ed è matematicamente definita come:

$$p_{cn} = p_n - p_w \qquad (3.45)$$

La pressione capillare è funzione delle saturazioni della fase fluida; in termini di saturazione efficace questa relazione viene quantificata come [Thorstad, 2005]:

$$C_{pw} = n\frac{dS_{ew}}{dp_{cn}} \qquad (3.46)$$

$$C_{pn} = n\frac{dS_{en}}{dp_{cn}} = n\frac{d(1 - S_{ew})}{dp_{cn}} = -n\frac{dS_{ew}}{dp_{cn}} = -C_{pw}$$

dove C_{pw} e C_{pn} sono la capacità specifica della fase bagnante e della fase non bagnante per una data pressione, rispettivamente. La capacità specifica della fase bagnante, C_{pw}, secondo il modello di Van Genuchten può essere definita come:

$$C_{pw} = \begin{cases} \frac{\alpha m}{1-m}(\theta_{sw} - \theta_{rw})S_{ew}^{\frac{1}{m}}\left(1 - S_{ew}^{\frac{1}{m}}\right)^m & H_c > 0 \\ \\ 0 & H_c \leqslant 0 \end{cases} \qquad (3.47)$$

mentre secondo Brooks & Corey vale:

$$C_{pw} = \begin{cases} \frac{-n}{H_c}(\theta_{sw} - \theta_{rw})\frac{1}{|\alpha H_c|^n} & H_c > -\frac{1}{\alpha} \\ \\ 0 & H_c \leqslant -\frac{1}{\alpha} \end{cases} \qquad (3.48)$$

avendo indicato con $H_c = p_c/(\rho_w g)$ il carico di pressione capillare. Utilizzando l'equazione (3.45) che definisce la pressione capillare $p_{c\,n}$, possiamo riscrivere le equazioni (3.46) come:

$$n\frac{\partial S_{ew}}{\partial t} = C_{pw}\frac{\partial(p_n - p_w)}{\partial t} \tag{3.49}$$

$$n\frac{\partial S_{en}}{\partial t} = -C_{pw}\frac{\partial(p_n - p_w)}{\partial t} \tag{3.50}$$

con S_{ew} e S_{en} rispettivamente saturazioni effettive della fase bagnante e di quella non bagnante.

Per semplificare il modello numerico, le equazioni (3.49) e (3.50) sono state sostituite nelle equazioni (3.42) e (3.43), in modo che le equazioni di governo diventino:

$$C_{pw}\frac{\partial}{\partial t}(p_n - p_w) - \text{div}\left\{\frac{k_{rw}}{\mu_w}\mathbf{k_0}\cdot\nabla(p_w + \rho_w g z)\right\} - q_w = 0$$
$$\tag{3.51}$$

$$-C_{pw}\frac{\partial}{\partial t}(p_n - p_w) - \text{div}\left\{\frac{k_{rn}}{\mu_n}\mathbf{k_0}\cdot\nabla(p_n + \rho_n g z)\right\} - q_n = 0$$
$$\tag{3.52}$$

In tale modello le variabili di stato sono p_w e p_n e per tale motivo il modello bifase (fase bagnante e fase non bagnante) sopra riportato è detto modello pressione-pressione.

Il sistema di equazioni non lineari è di natura parabolica ed è fortemente accoppiato attraverso le relazioni della permeabilità relativa e della capacità specifica della fase entrambe funzione della saturazione. Il modello pressione-pressione ha il grande svantaggio che per la soluzione del sistema di equazioni il gradiente della pressione capillare deve essere maggiore di zero $(dp_c/dS_w \neq 0)$. In presenza di fratture, zone di taglio, eterogeneità e processi di infiltrazione di NAPL il gradiente della pressione capillare (dp_c/dS_w) è molto piccolo o tendente a zero. Questa restrizione rende impraticabile l'uso del modello pressione-pressione per la simulazione di flussi bifase in mezzi eterogenei. A causa di tali svantaggi il modello pressione-pressione è poco utilizzato.

Al fine di ridurre le difficoltà nel risolvere numericamente il modello bifase pressione-pressione si introduce nelle equazioni il grado di saturazione.

Per poter definire un modello pressione-grado di saturazione, nel caso specifico di flusso bifase, è necessario apportare alla definizione della pressione capillare e della saturazione ulteriori vincoli:

$$\nabla p_n = \nabla(p_w + p_{pcnw})$$

$$\frac{\partial S_w}{\partial t} = \frac{\partial(1 - S_n)}{\partial t} = -\frac{\partial S_n}{\partial t}$$

In maniera analoga al modello pressione-pressione, partendo dalle equazioni generali per il flusso multifase (3.35), considerando i fluidi bagnanti (w) e non bagnanti (n) incomprimibili $\partial \rho / \partial t \simeq 0$ e lo scheletro solido indeformabile $\partial n / \partial t \simeq 0$, possiamo scrivere le equazioni di conservazione di massa che assumono la seguente forma:

$$-n\frac{\partial(S_n)}{\partial t} - \nabla\left\{\frac{k_{rw}}{\mu_w}\mathbf{k_0} \cdot \nabla(p_w + \rho_w g z)\right\} - q_w = 0 \qquad (3.53)$$

$$n\frac{\partial(S_n)}{\partial t} - \nabla\left\{\rho_n \frac{k_{rn}}{\mu_n}\mathbf{k_0} \cdot \nabla(p_n + \rho_n g z)\right\} - q_n = 0 \qquad (3.54)$$

Ancora una volta il sistema ottenuto è di tipo parabolico fortemente accoppiato. Il modello pressione-saturazione ha il vantaggio di poter essere applicato anche su sistemi che presentano sottodomini caratterizzati da piccoli gradienti di pressione capillare ($dp_c/dS_w \simeq 0$) poiché gli effetti della capillarità sono inclusi in maniera esplicita nel sistema di equazion; può essere quindi usato per descrivere sistemi sia omogenei che eterogenei. In funzione della fisica del problema, possiamo esprimere e quindi decidere quale delle seguenti formulazioni $p_w - S_n$, $p_n - S_w$, $p_w - S_w$, $p_n - S_n$ è la più vantaggiosa [Helmig, 1997].

3.5   FLUSSO IDRICO NEL NON SATURO

Il flusso idrico nel non saturo può essere studiato sia assumendo trascurabile il movimento dell'aria all'interno dei pori e focalizzando l'attenzione sul movimento dell'acqua sia tenendone conto. Qui si fa l'ipotesi che la fase gassosa all'interno dei pori sia immobile e che la sua pressione coincida con quella atmosferica. Per tali ragioni, verrà analizzato solo il movimento dell'acqua all'interno dei pori del mezzo poroso non saturo.

La quantità d'acqua che il mezzo poroso può assorbire a pressione atmosferica rappresenta la *capacità di infiltrazione*, essa dipende dal contenuto idrico iniziale del mezzo, dalla tessitura, struttura e sequenza degli orizzonti nel profilo [Mendicino, 1993]. È importante sottolineare la differenza tra la definizione di struttura e di tessitura. Per struttura del suolo si intende lo stato di aggregazione delle particelle in situ, tale proprietà del terreno può manifestarsi sotto forma granulare, laminare e compatta. Nel caso della tessitura, è fondamentale la percentuale dei pori presenti nel terreno quindi la capacità di ritenzione dell'acqua. Nello strato non saturo o di aerazione il grado di saturazione aumenta dall'alto verso il basso. Con riferimento all'acqua, lo strato non saturo può essere suddiviso in tre zone: *superficiale, intermedia* o *di transizione, e frangia capillare*.

ZONA SUPERFICIALE: è di spessore pari a quello dell'apparato radicale delle colture, ed è limitata superiormente dal piano campagna. Essa è sottoposta all'evapotraspirazione, in tale zona si osserva in prevalenza acqua igroscopica ed, in parte minore, acqua gravifica.

ZONA DI TRANSIZIONE: è interessata sia dalle acque gravifiche (temporanee) che di ritenzione, nonché dalle acque capillari sospese.

ZONA CAPILLARE: in essa coesistono le acque capillari sospese e quelle sostenute. In tale zona hanno luogo i fenomeni di capillarità attribuibili a quella proprietà dei liquidi, nota come tensione superficiale.

La tensione superficiale σ è una caratteristica dei liquidi in virtù della quale, in presenza di una sostanza gassosa, le particelle liquide restano protette da una membrana che ne evita il trasferimento nell'ambiente gassoso circostante. Se si considera il contatto liquido – gas – corpo solido, le interazioni sono più complesse. La

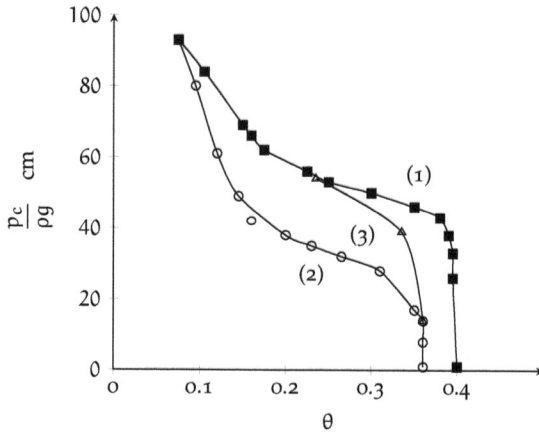

Figura 3.9: Curve di ritenzione durante un ciclo di drenaggio e di infiltrazione. La curva (1) è riferita a terreni a grana fine mentre la (2) a grana grossa.

separazione tra zona non satura e satura, che si sviluppa lungo lo spessore dell'acquifero, è dovuta alle diverse condizioni di saturazione e di pressione che si stabiliscono. In particolare, al di sopra della superficie freatica ci si trova in presenza di pressioni capillari (negative), variabili in funzione delle dimensioni dei meati presenti nella matrice porosa. Esse dipendono sia dalla struttura che dal contenuto idrico del suolo (θ). Pertanto il potenziale totale ψ è dato dalla somma del potenziale gravitazionale z e del potenziale capillare che aumenta in modulo al diminuire del contenuto idrico (θ). Esso, in particolare, per uno stesso contenuto d'acqua, può assumere differenti valori a seconda che il terreno si trovi in fase di umidità crescente (umidificazione) o decrescente (essiccazione); tale fenomeno prende il nome di isteresi. Una possibile spiegazione del fenomeno di isteresi è il fatto che, durante la fase di umidificazione il riempimento dei pori di piccolo diametro è facilitato dalle forze capillari, che, nella fase di essiccazione, tendono a ritardarne lo svuotamento (Figura 3.9).

3.5.1 *Le curve di ritenzione capillare*

I meccanismi con cui un acquifero sotterraneo immagazzina acqua sono sostanzialmente diversi a seconda che l'acquifero sia freatico o confinato. Nel primo caso, infatti, il processo avviene essenzialmente per drenaggio della matrice porosa ed a giocare il ruolo principale è la porosità efficace s_y. Nel secondo caso il processo avviene per deformazione dello scheletro solido e per compressione dell'acqua in esso contenuta. A svolgere il ruolo principale è il coefficiente di immagazzinamento specifico S_s.

In un acquifero non confinato l'abbassamento della superficie libera della falda, comporta il drenaggio del mezzo poroso, ovvero un processo in cui l'aria progressivamente prende il posto dell'acqua nella matrice porosa.

Ciò avviene laddove localmente la pressione dell'acqua assume valori inferiori a quella dell'aria. Ne consegue che durante il processo di drenaggio aria e acqua coesistono, interagendo attraverso una superficie d'interfaccia. L'acqua (fase bagnante) aderisce alla matrice solida più fortemente dell'aria (fase non bagnante) e di conseguenza l'interfaccia acqua–aria è data da una superficie curva.

Per equilibrare la differenza di pressione tra la fase liquida e gassosa, sulla interfaccia si originano delle tensioni σ distribuite sul perimetro della superficie d'interfaccia. La differenza tra la pressione dell'aria e la pressione dell'acqua, quest'ultima espressa in valore assoluto, è detta pressione capillare p_c.

$$p_c = p_a - p_w$$

Dall'equilibrio delle forze agenti sulla interfaccia emisferica si ottiene: $2\pi r \sigma = \pi r^2 p_c$ da cui $r = \frac{2\sigma}{p_c}$

Sebbene ottenuta per una superficie d'interfaccia ideale, l'equazione appena scritta giunge ad una conclusione importante e di validità generale: la pressione capillare aumenta al decrescere del raggio dei pori. Ciò significa che all'aumentare della pressione capillare affinché sussista l'equilibrio tra aria e acqua l'interfaccia dovrà avere un raggio via via minore. Quest'ultima quindi si sposterà verso i pori più piccoli fino a che non incontrerà quelli con

dimensioni tali che sussista l'equilibrio tra le tensioni d'interfaccia e la differenza di pressione tra l'aria e l'acqua. Per analogia
si pensi all'esperienza del tubo cosiddetto capillare posto vertical-
mente all'interno di una vaschetta d'acqua. Si osserverà una risalita dell'acqua su per il menisco. L'altezza di risalita è funzione
del diametro del menisco e misura la pressione capillare, cioè la
differenza di pressione tra aria e acqua sull'interfaccia aria-acqua.

Consideriamo il parametro idrogeologico utile a caratterizzare
la presenza simultanea di aria e acqua nella matrice solida: il
contenuto idrico. All'aumentare della pressione capillare, θ diminuisce poiché l'acqua alla ricerca dell'equilibrio occuperà volumi
maggiori di matrice solida. Le curve p_c sono note come *curve di
ritenzione* e descrivono la capacità del mezzo poroso a trattenere
l'acqua nel corso dei processi di drenaggio o imbibizione. In Figura 3.9 vediamo rappresentate due tipiche curve di ritenzione, una
per matrici porose a grana fine, l'altra per matrici porose a grana
grossa, nel corso di un processo di drenaggio. Si osserva che:

1. per valori di pressione capillare prossimi allo zero non c'è
   praticamente variazione del contenuto d'acqua. Anche in
   matrici porose a grana grossa, quindi, la differenza di pressione tra aria e acqua deve raggiungere un certo livello affinché si attivi un processo di drenaggio;

2. a parità di pressione capillare i materiali a grana fine tratten-
   gono una maggiore quantità d'acqua, poiché maggiormente
   disponibili saranno pori di piccole dimensioni;

3. il contenuto d'acqua θ tende ad un valore costante all'aumentare di p_c. Tale valore è la capacità di ritenzione capillare
   specifica del mezzo o capacità di campo.

Nel caso in cui sia in atto un processo di ricarica (imbibizione)
del mezzo anziché di drenaggio la curva p_c è sensibilmente diversa. Le curve di ritenzione per un materiale poroso inizialmente
saturo e poi drenato, poi ricaricato e poi nuovamente drenato, non
coincidono, la curva di ritenzione non è univoca ma dipende dalla
storia dei processi di drenaggio e ricarica del mezzo poroso.

Partendo dalle equazioni generali per il flusso multifase (3.35),
si assumono l'acqua e l'aria incomprimibili ($\partial \rho_w / \partial t \simeq 0$ e la

$\partial \rho_a / \partial t \simeq 0$) e lo scheletro solido indeformabile ($\partial n / \partial t \simeq 0$). Inoltre, essendo interessati a conoscere solo il movimento dell'acqua si scriverà soltanto l'equazione di continuità per la fase bagnante:

$$n \frac{\partial (S_w)}{\partial t} - \mathrm{div} \left\{ \frac{k_{rw}}{\mu_w} \mathbf{k_0} \cdot \nabla (p_w + \rho_w g z) \right\} - q_w = 0 \qquad (3.55)$$

Poiché stiamo considerando il caso in cui gli spazi vuoti del mezzo poroso sono completamente occupati da acqua e/o dall'aria possiamo scrivere che:

$$S_w = 1 - S_n \qquad (3.56)$$

La pressione capillare, come già definita in precedenza, è la differenza di pressione tra le interfacce dell'acqua e dell'aria ed è matematicamente definita come:

$$p_c = -p_w \qquad (3.57)$$

in cui si è posto $p_a = 0$ ovvero pressione relativa dell'aria nulla (pressione assoluta atmosferica). La pressione capillare è funzione delle saturazioni dell'acqua; in termini di saturazione efficace questa relazione viene quantificata come [Thorstad, 2005]:

$$C_{pw} = n \frac{dS_{ew}}{dp_{cn}} \qquad (3.58)$$

La capacità specifica della fase bagnante, C_{pw} può essere calcolata con il modello di Van Genuchten (3.47) oppure con il modello di Brooks & Corey (3.48), come precedentemente definiti.

Utilizzando l'equazione (3.57) che definisce la pressione capillare p_c, possiamo riscrivere l'equazione (3.58) come:

$$n \frac{\partial S_{ew}}{\partial t} = -C_{pw} \frac{\partial (p_w)}{\partial t} \qquad (3.59)$$

Per semplificare il modello numerico, l'equazione (3.59) è stata sostituita nell'equazione (3.55) in modo che l'equazione diventi:

$$C_{pw} \frac{\partial}{\partial t} (p_w) + \mathrm{div} \left\{ \frac{k_{rw}}{\mu_w} \mathbf{k_0} \cdot \nabla (p_w + \rho_w g z) \right\} + q_w = 0 \qquad (3.60)$$

Tale modello è anche noto come equazione di Richards.

4

TRASPORTO DI SOLUTI NEI MEZZI POROSI

In tale capitolo verranno discussi i problemi relativi ad un fluido in un mezzo poroso in cui la sua composizione o le sue proprietà variano. Potrebbe essere il caso di due fluidi miscibili (*i.e.* acqua dolce e acqua salata) o di una sostanza disciolta in un fluido a concentrazione variabile. Per i fluidi miscibili verrà preso in considerazione un fluido monofase e verrà definita la concentrazione di una sostanza (soluto) in un'altra (solvente). Vi sono diversi modi di definire la concentrazione, di seguito si elencano i più comuni:

1. la concentrazione volumetrica ovvero la massa di soluto per unità di volume della soluzione (kg/m^3, o g/l);

2. la concentrazione della massa intesa come massa di soluto per unità di massa della soluzione (kg/kg);

3. la molarità, definizione standard della concentrazione nell'unità di misura del SI, è il numero di moli di soluto per unità di volume della soluzione (mol/m^3).

Nel seguito si userà la concentrazione volumetrica C e verrà detta semplicemente concentrazione. Questa concentrazione varia continuamente nel mezzo; non esiste nessuna discontinuità tra due fluidi come avviene tra fluidi immiscibili. Quando i fluidi si muovono, la concentrazione varia nel tempo e nello spazio. Questo tipo di spostamento viene chiamato trasporto di massa o trasporto del soluto nel mezzo poroso.

Allo scopo di distinguere chiaramente tra le leggi del trasporto e le leggi di interazione tra le sostanze trasportate ed il mezzo, si tratterà inizialmente del trasporto di sostanze che non sono soggette a delle variazioni, scambi, o reazioni mentre attraversano il mezzo poroso. Queste sono le sostanze non reattive o conservative, viene ad esempio escluso il decadimento radioattivo cosí come l'adsorbimento.

Verrà poi trattato il problema delle sostanze reattive e si vedrà come leggi speciali che governano il loro comportamento devono essere aggiunte alle equazioni del trasporto.

È importante definire, fin dall'inizio, cosa s'intende per trasporto della soluzione. Prima di tutto, individuarne i costituenti inclusi nelle combinazioni chimiche degli elementi che sono solubili in acqua. Questi elementi possono essi stessi essere più o meno ionizzati secondo la loro carica ionica.[1] Tuttavia, queste sostanze disciolte possono anche essere presenti come elementi chimici elettricamente neutri o complessi creati da aggregati di differenti molecole o ioni.

Inoltre, i sali considerati insolubili possono essere trasportati come concentrazioni in traccia poiché in realtà, questa *insolubilità* non è totale. Dal momento che certi radionuclidi, per esempio, risultano tossici anche a basse concentrazioni, queste tracce possono essere significative nei calcoli degli studi per la sicurezza di tipo radiologico.

Infine, bisogna anche considerare i costituenti trasportati sottoforma di aggregati molecolari più grandi, come i colloidi, che possono alla fine essere soggetti a filtrazione meccanica attraverso la rete del mezzo poroso.

Tutte queste sostanze trasportate sono conosciute come *soluti* fino a quando esse non costituiscono una fase mobile distinta dal fluido trasportatore ma integrate esse stesse dentro il fluido monofase (l'acqua del mezzo naturale), possibilmente modificando le proprietà chimiche e fisiche (*e.g.* massa per unità di volume, viscosità). Il trasporto del soluto è dunque diverso dal flusso di fluidi immiscibili come l'olio e l'acqua, che obbediscono a leggi di migrazione completamente differenti.

4.1   TRASPORTO NON REATTIVO

La massa disciolta in soluzione in un particolare volume di matrice solida può variare col tempo a causa di diversi fattori: una

---

[1] La terminologia recente chiama quasiasi sale disciolto ione, non specificando se è elettricamente carico o no. Dunque per esempio $CaCO_3$ nella soluzione, che non si dissocia in Ca^{2-}, CO_3^{2-} è detto ione complesso elettricamente neutro.

differente concentrazione dell'acqua in movimento o dell'acqua iniettata attraverso pozzi, fenomeni di diffusione o dispersione del soluto, adsorbimento, produzione o decadimento dovuti a reazioni chimiche o biologiche. Il trasporto di un soluto viene studiato attraverso la quantità di massa della singola specie disciolta nella soluzione (soluto) e la quantità di massa delle specie depositate (adsorbito). La concentrazione di soluto, C, e quella di adsorbito, C_s, sono legate attraverso le isoterme di adsorbimento in condizione di equilibrio. Trascurando il fenomeno dell'adsorbimento e del decadimento, il fenomeno dispersivo può essere suddiviso in tre meccanismi (artificialmente) separati: 1) la Convezione, 2) la Diffusione molecolare e 3) la Dispersione cinematica.

4.1.1 Convezione

Il fenomeno della convezione si ha dove le sostanze disciolte sono trasportate dal fluido attraverso il suo spostamento. È proprio alla convezione che si attribuisce quel fenomeno per cui, se si effettua un'immissione, all'istante t_0, di un tracciante a concentrazione C_0, nella sezione x_0 di un tubo di flusso con velocità media u, la stessa concentrazione C_0, si ritroverà nella sezione $x_1 = x_0 + u\Delta t$. Il flusso di massa di un soluto, per unità di superficie, dovuto alla sola convezione può essere espresso attraverso la semplice relazione:

$$\phi^{conv} = C\mathbf{q} \tag{4.1}$$

dove si è indicato con C la concentrazione (volumetrica) del soluto e con $\mathbf{q}$ la velocità media di Darcy. Se si assume che il trasporto è governato solo dal fenomeno della convezione nella frazione di fluido che si muove, l'equazione di trasporto risultante si ottiene da un semplice bilancio di massa applicato, su scala macroscopica, al REV. Il bilancio di massa di soluto impone che il flusso di massa entrante in un volume elementare in un dato intervallo di tempo è pari a quello uscente a meno di una variazione di massa nello stesso intervallo di tempo. Il flusso di massa che attraversa, per unità di superficie, il contorno del volume elementare è dato dalla seguente relazione:

$$\int_\Sigma \phi^{conv} \cdot \hat{n} \, d\sigma = \int_\Sigma C\mathbf{q} \cdot \hat{n} \, d\sigma \qquad (4.2)$$

dove con $\hat{n}$ si è indicata la normale alla superficie di contorno Σ.

La massa di soluto contenuta nel volume elementare V è pari a:

$$\int_V nC \, dv \qquad (4.3)$$

dove si è indicato con n la porosità totale. La variazione di massa nell'unità di tempo può essere così posta:

$$\frac{\partial}{\partial t} \int_V nC \, dv = \int_V n \frac{\partial C}{\partial t} \, dv \qquad (4.4)$$

Il passaggio dalla prima forma alla seconda è reso lecito dalla legge di Leibnitz poiché V è fisso e n è assunta costante. L'equazione di bilancio di massa diventa:

$$\int_\Sigma (C\mathbf{q}) \cdot \hat{n} \, d\sigma = \int_V n \frac{\partial C}{\partial t} \, dv \qquad (4.5)$$

Mediante la regola di Ostrogradsky si può trasformare l'integrale di superficie in un integrale di volume:

$$-\int_V \nabla(C\mathbf{q}) \, dv = \int_V n \frac{\partial C}{\partial t} \, dv \qquad (4.6)$$

portando fuori il segno di integrale su ambo i lati, essendo V arbitrario, si ottiene:

$$-\nabla(C\mathbf{q}) = n \frac{\partial C}{\partial t} \qquad (4.7)$$

che è l'equazione di bilancio per la sola convezione.

4.1.2 *Diffusione molecolare*

Il fenomeno della diffusione molecolare è legato all'agitazione molecolare. In un fluido immobile il moto Browniano proietta le particelle in tutte le direzioni dello spazio. Se la concentrazione del fluido è uniforme nello spazio, presi due intorni nello spazio, questi mandano, in media, lo stesso numero di particelle di soluto verso l'altro, e l'agitazione molecolare non cambia la concentrazione della soluzione. Comunque, se la concentrazione della soluzione non è uniforme i punti con maggiore concentrazione mandano, in media, un maggior numero di particelle nello spazio rispetto ai punti con minore concentrazione. Il risultato di tale agitazione molecolare è che alcune particelle sono trasferite da zone a più alta concentrazione a punti con concentrazione inferiore. Fick ha trovato che il flusso di particelle di soluto in un fluido immobile è proporzionale al gradiente delle concentrazioni, attraverso la nota relazione:

$$\phi^{\text{diff}} = -d_0 \nabla(C) \qquad (4.8)$$

dove d_0 è chiamato coefficiente di diffusione molecolare [$L^2 T^{-1}$] e vale:

$$d_0 = \frac{RT}{N} \frac{1}{6\pi\mu r} \qquad (4.9)$$

avendo indicato con R la costante dei gas perfetti [$J \text{ mol}^{-1}K$], μ la viscosità dinamica del fluido [Pl], T la temperatura [K], N il numero di Avogadro [mol^{-1}] e r il raggio medio degli aggregati molecolari del fluido [m].

Per tenere conto della tortuosità del mezzo poroso e dell'ostacolo dei grani si utilizza un coefficiente di diffusione molecolare più piccolo del precedente, e definito come $d = d_0/(Fn)$, avendo indicato con F il fattore di formazione pari al rapporto fra la resistività elettrica del terreno e la resistività elettrica dell'acqua in esso contenuta [·] ed n, al solito, la porosità totale.

Considerando sia il fenomeno convettivo che quello diffusivo, l'equazione di bilancio diventa:

$$\int_{\Sigma} (C\mathbf{q}) \cdot \hat{n}\, d\sigma - \int_{\Sigma} nd\nabla C \cdot \hat{n}\, d\sigma = -\int_{V} \nabla(C\mathbf{q})\, dv +$$
$$+ \int_{V} \nabla(nd\nabla C)\, dv \qquad (4.10)$$

la porosità totale entra qui in gioco perché l'integrale del flusso diffusivo su Σ è nullo sulla parte solida $[(1-n)\Sigma]$ e diversa da zero sui pori $[n\Sigma]$, mentre la velocità di Darcy è definita come se tutta l'area fosse aperta. Portando fuori il segno di integrale su ambo i lati, essendo V arbitrario, si ottiene:

$$\nabla(nd\nabla C - C\mathbf{q}) = n\frac{\partial C}{\partial t} \qquad (4.11)$$

A causa della presenza di pori ciechi e della forma più o meno irregolare dei grani vi è una parte del fluido che non partecipa al moto. Insieme a questa vi è la parte di fluido che rimane adesa sulle superfici dei grani a causa delle forze di interazioni fra le molecole e dei fenomeni chimico-fisici sugli elettrostrati intorno ai grani. Grazie alla diffusione molecolare, anche la frazione immobile contiene parte della sostanza disciolta ed occorre, pertanto, introdurla nel bilancio. L'equazione di continuità della massa di soluto diventa:

$$\nabla(nd\nabla C - C\mathbf{q}) = n_c\frac{\partial C}{\partial t} + (n - n_c)\frac{\partial C'}{\partial t} \qquad (4.12)$$

dove si è indicato con C' la concentrazione del fluido immobile e con n_c la porosità cinematica, ovvero la percentuale dei vuoti che partecipano al moto calcolata rispetto ai vuoti totali.

4.1.3 *Dispersione cinematica*

Tale fenomeno di mescolamento è legato principalmente alla eterogeneità delle velocità microscopiche all'interno dei mezzi porosi su qualsiasi scala di osservazione: 1) all'interno dei pori, la distibu-

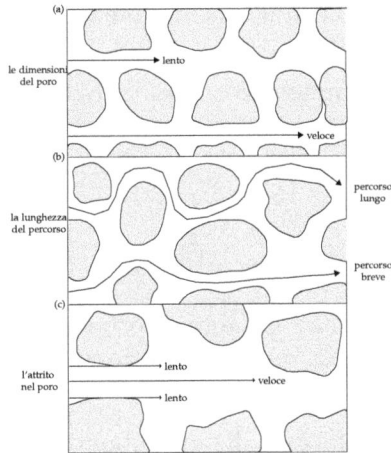

Figura 4.1: Rappresentazione dei principali meccanismi che determinano la dispersione cinematica: a) dispersione cinematica dovuta alla diversa sezione dei pori presenti nel terreno; b) dispersione causata dai percorsi tortuosi e c) dispersione legata alla distribuzione parabolica della velocità microscopica all'interno della sezione dei pori.

zione della velocità non è uniforme ma parabolica con il massimo in corrispondenza dell'asse dei pori, questo causa una propagazione più veloce lungo l'asse dei pori rispetto a quella media dovuta alla sola convezione; 2) la diversa grandezza dei pori genera dei gradienti di velocità che danno origine ad una maggiore diluizione ed una propagazione trasversale alla direzione principale del moto e infine 3) la tortuosità dei percorsi produce una dispersione dei filetti fluidi dovuta alla geometria dei pori (Figura 4.1).

La divisione del trasporto in un termine convettivo, legato alla velocità di Darcy, ed il termine dispersivo, integrante gli effetti delle eterogeneità, è alquanto arbitrario. La formulazione matematica adotta una legge di trasporto per dispersione alla Fick che tiene conto del fenomeno di mescolamento

$$\phi^{disp} = -\mathbf{D}'\nabla C \qquad (4.13)$$

che è applicata a tutta l'intera sezione del mezzo, cosí come la velocità di Darcy, ma con un coefficiente di dispersione $\mathbf{D}'$ che ha queste caratteristiche:

1. è un tensore simmetrico del secondo ordine definito positivo ed auto-aggiunto:

$$\mathbf{D}' = \begin{vmatrix} D'_{xx} & D'_{xy} & D'_{xz} \\ D'_{yx} & D'_{yy} & D'_{yz} \\ D'_{zx} & D'_{zy} & D'_{zz} \end{vmatrix}$$

2. le direzioni principali (autovettori) sono formate dalla direzione del vettore velocità (direzione longitudinale) e dalle altre due direzioni ortogonali;

3. i valori dei coefficienti diagonali (autovalori) sono variabili e dipendono dalla velocità.

Se si sceglie un sistema di riferimento con gli assi cartesiani colineari con il vettore velocità e le direzioni ad esso ortogonali (*i.e.* con gli autovettori del tensore $\mathbf{D}'$), i termini misti del tensore si annullano, per cui si può scrivere:

$$\mathbf{D}' = \begin{vmatrix} \alpha_L|\mathbf{q}| & 0 & 0 \\ 0 & \alpha_T|\mathbf{q}| & 0 \\ 0 & 0 & \alpha_T|\mathbf{q}| \end{vmatrix}$$

dove α_L è la dispersività longitudinale e α_T la dispersività trasversale. È facile notare che $\mathbf{D}'$ è anisotropo anche se il mezzo è isotropo: l'anisotropia del tensore dispersione sta nel fatto che la velocità di dispersione è maggiore lungo la direzione del moto.

Tenendo conto della convezione, della diffusione molecolare e della dispersione cinematica l'equazione di bilancio della massa di soluto diventa:

$$\nabla(\mathbf{D}'\nabla C + n d \nabla C - C\mathbf{q}) = n_c \frac{\partial C}{\partial t} + (n - n_c) \frac{\partial C'}{\partial t} \qquad (4.14)$$

È possibile, a questo punto, definire un nuovo tensore di dispersione ($\mathbf{D}$) che tenga conto contemporaneamente della diffusione molecolare e della dispersione cinematica. Per un sistema di riferimento cartesiano, Bear [1979] ha studiato la relazione fra la geometria della matrice porosa, la velocità del fluido e la diffusione molecolare, ricavando la seguente espressione per determinare le componenti del tensore della dispersione (**D**):

$$\mathbf{D} = (nd + \alpha_T |\vec{u}|)\, \mathbf{I} + \frac{\alpha_L - \alpha_T}{|\vec{u}|} \vec{u} \otimes \vec{u}$$

dove **I** è il tensore identità e $\vec{a} \otimes \vec{b}$ rappresenta il prodotto tensoriale fra due generici vettori $\vec{a}$ e $\vec{b}$.

Allora l'equazione di trasporto, che include la convezione, la diffusione molecolare e la dispersione cinematica diventa:

$$\nabla(\mathbf{D}\nabla C - C\mathbf{q}) = n_c \frac{\partial C}{\partial t} + (n - n_c) \frac{\partial C'}{\partial t} \tag{4.15}$$

Se ipotizziamo che la concentrazione del fluido immobile (C') raggiunge istantaneamente la concentrazione del fluido mobile (C) si ha:

$$\nabla(\mathbf{D}\nabla C - C\mathbf{q}) = n \frac{\partial C}{\partial t} \tag{4.16}$$

che coincide con la (4.15). Mentre se si assume che la concentrazione (C') sia nulla, ovvero che non vi sia trasferimento di soluto nella parte immobile del fluido, l'equazione del trasporto diventa:

$$\nabla(\mathbf{D}\nabla C - C\mathbf{q}) = n_c \frac{\partial C}{\partial t} \tag{4.17}$$

Se nessuna delle due assunzioni di equilibrio può essere fatta, l'introduzione di una nuova variabile (C') richiede la definizione di una nuova equazione:

$$(n - n_c) \frac{\partial C'}{\partial t} = \tau(C - C') \tag{4.18}$$

dove abbiamo indicato con τ il coefficiente di trasferimento fra la fase mobile e quella immobile [T^{-1}].

4.1.4 *Il numero di Péclet*

Si può definire un parametro caratterizzante il trasporto, detto numero di Péclet, che può essere assunto come un indicatore dell'influenza della velocità sul fenomeno stesso e che è esprimibile nel modo seguente [De Marsily, 1986]:

$$P_e = \frac{|\mathbf{q}|l}{n_c\, d_0} \tag{4.19}$$

dove l rappresenta la lunghezza caratteristica del mezzo poroso [L] (diametro medio dei grani o dei pori) e gli altri simboli rappresentano le grandezze precedentemente definite. Numerose ricerche sono state effettuate per individuare l'influenza dei singoli fenomeni (diffusione molecolare, dispersione cinematica e convezione) nel complesso del moto acqua – soluto. Una formulazione equivalente alla precedente ma che ha una maggiore applicabilità è la seguente:

$$P_e = \frac{|\mathbf{q}|\sqrt{k_0}}{n_c\, d_0} \tag{4.20}$$

dove k_0 è la permeabilità intrinseca, ovvero $k_0 = d^2/C$ come scritto precedentemente.

La Figura 4.2, dà una rappresentazione schematica dei risultati di un gran numero di esperimenti, condotti, la maggior parte, in mezzi porosi non consolidati; in tale grafico si è indicato, come al solito, con d il coefficiente di diffusione molecolare e con D'_L quello di dispersione cinematica longitudinale.

Utilizzando il numero adimensionale di Péclet, che è un indicatore dell'influenza della velocità sulle modalità di trasporto dell'inquinante, è possibile distinguere cinque zone, secondo quanto è riportato in Figura 4.3.

ZONA I In questa zona, la diffusione molecolare prevale poiché la velocità media è molto bassa ($\alpha_L V \ll d\tau$; $1/3 < \tau < 2/3$).

ZONA II Corrisponde a valori del numero di Péclet tra 0,1 e 10. In questa zona, gli effetti della dispersione meccanica (cinema-

$\dfrac{D_h}{D_0}$

10^6

10^5

10^4

10^3

10^2

10^1

1

(a)

(b)

$10^{-2}\ 10^{-1}\ 1\quad 10^1\ 10^2\ 10^3\ 10^4\ 10^5\ 10^6$

$P_e = V_d/D_0$

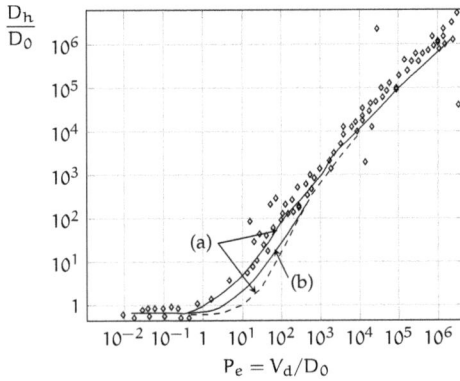

Figura 4.2: Relazione tra dispersione cinematica e diffusione molecolare [Pfannkuch, 1963]: (a) Curva teorica secondo Bear e Bachmat (1965-66); (b) Curva teorica secondo Soffman (1960).

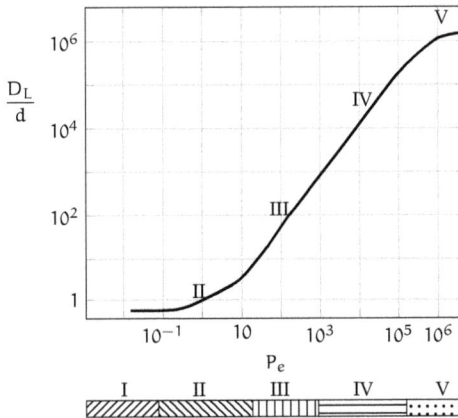

$\dfrac{D_L}{d}$

10^6

10^4

10^2

1

V

IV

III

II

$10^{-1}\qquad 10\qquad 10^3\qquad 10^5\ 10^6$

P_e

I   II   III   IV   V

Figura 4.3: Individuazione delle cinque zone che mettono in relazione la dispersione cinematica e la diffusione molecolare [Pfannkuch, 1963]

tica più convezione) e della diffusione molecolare sono dello stesso ordine di grandezza.

ZONA III Il moto dell'inquinante è causato prevalentemente dalla dispersione meccanica. In questa zona è valida la relazione:

$$\frac{D_L}{d} = \alpha(Pe)^m \quad con \quad \alpha \approx 0,5 \quad 1 < m < 1,2 \qquad (4.21)$$

ZONA IV In questa zona è dominante la dispersione meccanica; la diffusione molecolare è trascurabile. Il grafico in corrispondenza di questa zona è un segmento di retta inclinata a 45°, di equazione:

$$\frac{D_L}{d} = \beta(Pe) \quad con \quad \beta \approx 1,8. \qquad (4.22)$$

ZONA V Questa zona è caratterizzata da dispersione meccanica pura; ci si trova al di fuori della legge di Darcy per cui non si possono trascurare né gli effetti dell'inerzia, né quelli della turbolenza. Le informazioni relative alla dispersione trasversale sono in numero limitato; tuttavia si può ritenere valida, per il rapporto D_T/d, una relazione simile a quella della dispersione longitudinale.

4.2 TRASPORTO REATTIVO

La fase immobile include principalmente la fase solida, ma anche il fluido immobile legato alla parte solida da forze di attrazione molecolare. Durante il trasporto possono instaurarsi dei meccanismi che tendono a modificare il bilancio di massa. Tali meccanismi, dovuti alla interazione tra la fase immobile e le sostanze trasportate e alle mutazioni fisico-chimiche delle sostanze, possono rendere il trasporto non conservativo [Jackson, 1980]. I principali meccanismi sono:

MECCANISMI FISICI. Le sostanze trasportate possono essere arrestate da filtrazione fisica attraverso i pori del mezzo. Questo può accadere anche se le sostanze trasportate sono più piccole della dimensione dei pori.

MECCANISMI GEOCHIMICI. Essi sono dovuti principalmente a:

1. Combinazioni di ioni dentro le molecole elettricamente neutre.

2. Reazione acido/base in funzione del pH del soluto e dalle rocce che esso attraversa.

3. Ossido-riduzioni che condizionano lo stato di valenza degli ioni trasportati.

4. Dissoluzione/precipitazione, che può immobilizzare o sciogliere le sostanze.

5. Desorbimento/adsorbimento limitati, in senso stretto, solamente agli scambi degli ioni (principalmente cationi), che si attaccano alla superficie dei minerali argillosi o colloidali.

MECCANISMI RADIOLOGICI. Questi sono decadimenti radioattivi (scomparsa di sostanze) e creazione di sotto-prodotti del decadimento (comparsa di nuove sostanze).

MECCANISMI BIOLOGICI. Attività biologica nei mezzi porosi che può decomporre o trasformare alcuni elementi.

Per tenere conto di tali meccanismi nell'equazione del trasporto (4.15) si introduce un termine sorgente generico S:

$$\nabla(\mathbf{D}\nabla C - C\mathbf{q}) + S = n\frac{\partial C}{\partial t} \qquad (4.23)$$

Il termine sorgente S rappresenta la massa di soluto, aggiunta (o sottratta) per unità di tempo $[M\ L^{-3}\ T^{-1}]$. Tale termine sorgente rappresenta l'incremento o la riduzione della massa di soluto immagazzinata ovvero quella quantità di soluto che viene immagazzinata nel volume e che non fuoriesce dal volume stesso (*i.e* per comprendere meglio si può fare riferimento al principio di conservazione della massa, ovvero la massa che si immagazzina nel volume *si perde*). Nel caso di adsorbimento, degradazione o decadimento il soluto viene sottratto al flusso e immagazzinato (perso) nel volume, pertanto in questo caso il termine sorgente è negativo. Di seguito si analizzano le leggi che permettono di stimare il termine sorgente.

4.2.1 Filtrazione

In questo caso gli elementi trasportati sono filtrati dal mezzo, ciò avviene quando la dimensione dei pori è più piccola delle particelle in soluzione. Greenberg [1971] dà la seguente stima per la dimensione dei pori nelle argille:

1. Diametro delle particelle d'argilla $\sim$ 20.000 Å (*i.e.* Å= angström $=10^{-10}$ m) e qualche volta molto più piccolo;

2. La spaziatura tra gli strati dei minerali argillosi: $9 \div 15$ Å;

3. Nelle sabbie, l'ordine di grandezza del diametro dei pori, dato dall'effettiva misura dei grani, è compreso di solito nell'intervallo tra 10^{-2} e 10^{-1} mm ($100.000 \div 1.000.000$ Å);

4. Diametro degli ioni solubili più piccoli (ad esempio Na^+ o Cl^-): $1 \div 10$ Å;

5. Diametro delle molecole organiche più grandi con un peso molecolare alto: fino a 500 Å;

6. Diametro dei batteri: $5.000 \div 30.000$ Å;

7. Diametro dei colloidi: estremamente variabile, di solito nell'intervallo $1000 \div 50000$ Å.

Dunque, si può ammettere che la filtrazione diretta può essere effettiva solo per molecole molto più grandi, batteri o colloidi, nei suoli argillosi o limosi.

4.2.2 Adsorbimento

La capacità di adsorbimento di certi minerali o colloidi è dovuto all'esistenza di cariche elettriche non neutralizzate sulla superficie o all'interno di questi minerali [Jackson, 1980]. Gli ioni con una carica opposta si attaccano ad esso, creando uno *strato elettrico doppio* che può appartenere ad uno dei seguenti tipi:

1. Imperfezioni o sostituzioni di ioni nel reticolo cristallino del minerale causano uno sbilanciamento elettrico positivo o negativo. La superficie del minerale è chiamata strato elettrico stabile, e gli ioni con una carica opposta attratti dallo strato elettrico stabile costituiscono lo strato elettrico mobile.

2. L'adsorbimento specifico di certi ioni da parte della superficie del minerale crea uno strato elettrico stabile al quale altri ioni, di carica opposta, si attaccano creando uno strato mobile.

La vermiculite e la montmorillonite hanno, per esempio, doppi strati di tipo 1. Altre argille, idrossidi metallici e colloidi organici e non (silice per esempio) hanno doppi strati di tipo 2. Questi ultimi sono molto più sensibili all'azione del pH dell'acqua.

Poichè i soluti si attaccano alle particelle minerali vi sono una quantità di sostanze che si legano alla fase solida. La concentrazione di massa F, adimensionale, è generalmente usata per rappresentare la massa delle sostanze adsorbite per unità di massa del solido. In un'unità di volume del mezzo poroso, la massa della parte solida è $(1-n)\rho_s$, dove ρ_s è la massa per unità di volume delle particelle solide. La massa di soluto adorbito nell'unità di volume è dunque $(1-n)\rho_s F$.

Il termine sorgente da aggiungere nell'equazione di continuità è la variazione rispetto al tempo della massa di soluto adsorbita per unità di volume [De Marsily, 1986]:

$$S = -(1-n)\rho_s \frac{\partial F}{\partial t} \qquad (4.24)$$

Il problema dell'adsorbimento consiste nel definire la relazione tra le concentrazioni F e C.

I caso: Adsorbimento Istantaneo lineare

In questo caso si ipotizza che F e C siano sempre in equilibrio e legate da una relazione dove il tempo non conta. Esperimenti effettuati con adsorbimento (non necessariamente con desorbimento) sembrano provare che per i corpi argillosi e i minerali, il tempo per l'equilibrio è dell'ordine di pochi minuti, cioè abbastanza trascurabile per i casi comuni. Generalmente, l'intero set delle sostanze trasportate (ioni) deve essere tenuto in considerazione e le concentrazioni C_i e F_i devono essere calcolate per ciascuna di esse. Dunque, l'equazione del trasporto per ogni sostanza i diventa:

$$\nabla(\mathbf{D}\nabla C_i - C_i\mathbf{q}) = n\frac{\partial C_i}{\partial t} + (1-n)\rho_s\frac{\partial F_i}{\partial t} \qquad (4.25)$$

Si stabilisce che la somma delle concentrazioni adsorbite è uguale alla capacità di scambio ionico totale del solido; siccome questa capacità di scambio f_T è generalmente espressa in equivalenti per grammi (epg), la concentrazione di massa adsorbita F_i e la concentrazione C_i devono essere trasformate in epg o in equivalenti per litro (epl):

$$f_i = \frac{F_i}{M_i}v_i \qquad c_i = \frac{C_i}{M_i}v_i$$

dove F_i è la concentrazione della massa (adimensionale), M_i è la massa molare, C_i è la concentrazione (kg/m^3 o g/l) e v_i è la valenza dei costituenti i. Si scrive:

$$\sum_i^m f_i = f_T$$

dove m è il numero delle sostanze presenti.

Infine, la selettività dell'adsorbimento di determinate sostanze viene espressa da una relazione di equilibrio (equazione dell'azione di massa) raggiunta istantaneamente e reversibile:

$$\left(\frac{f_j/f_T}{c_j}\right)^{v_i} \cdot \left(\frac{c_i}{f_i/f_T}\right)^{v_j} = K_{ij}$$

dove K_{ij} è il coefficiente di selettività dello scambio ionico della matrice solida rispetto agli elementi i e j e la dimensione di K_{ij}

dipende dalla valenza di v_i e di v_j. I coefficienti K_{ij} non sono naturalmente indipendenti fra loro, ma piú o meno indipendenti dalle concentrazioni nella soluzione. È quindi possibile risolvere questo sistema di equazioni per tutti gli elementi i.

Nei casi in cui le sostanze trasportate sono a concentrazione molto bassa, si presuppone che l'adsorbimento di queste sostanze non fa cambiare di molto il rapporto f_j/c_j di altre sostanze che sono presenti in grandi quantità. Siccome il rapporto rimane costante, si ottiene:

$$\frac{f_i}{c_i} = \frac{F_i}{C_i} = \left(\frac{f_T^{v_j}(f_j/f_T)^{v_i}}{c_j^{v_i}} \right)^{1/v_j} = \text{cost} = K_{di}$$

Ciò significa che la relazione fra F e C è di tipo lineare:

$$F_i = K_{di}C_i$$

Il coefficiente K_{di} è detto il coefficiente di distribuzione della sostanza i in relazione al mezzo poroso. Si assume che l'adsorbimento sia lineare, reversibile e istantaneo. Siccome K_d varia con la temperatura, esso rappresenta la pendenza dell'isoterma dell'adsorbimento. La sua dimensione è [L³M⁻¹], e di solito si esprime in ml/g. Sostituendo F_i nella (4.25) si può scrivere:

$$\nabla(\mathbf{D}\nabla C_i - C_i\mathbf{q}) = n \left[1 + \frac{1-n}{n}\rho_s K_{di} \right] \frac{\partial C_i}{\partial t}$$

Il termine fra parentesi del secondo membro è generalmente chiamato fattore di ritardo (R), pertanto l'equazione del trasporto con adsorbimento diventa:

$$\nabla(\mathbf{D}\nabla C - C\mathbf{q}) = nR\frac{\partial C}{\partial t}$$

Se in entrambi i membri si divide per nR, si definisce una velocità apparente $\mathbf{q}/nR$, mentre l'equazione del trasporto prende la stessa forma: si comporta come se la velocità media microscopica del trasporto convettivo venisse divisa per R. In queste condizioni, lo spostamento di ciascuna sostanza può essere calcolata indipen-

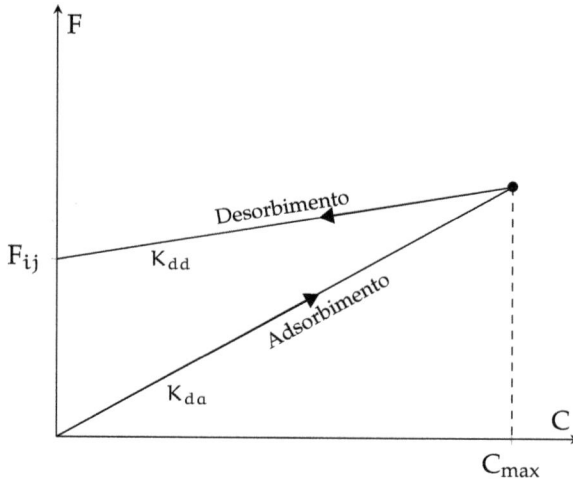

Figura 4.4: Adsorbimento parzialmente reversibile

dentemente da quella dei viciniori. Questo approccio può ancora essere usato per elementi a bassissima concentrazione. Se non c'è adsorbimento, $R = 1$. Isoterme di adsorbimento-desorbimento del tipo rappresentato in Figura 4.4 si ottengono se tale fenomeno è irreversibile.

La quantità, che è fissata irreversibile, può quindi dipendere dalla concentrazione C_{max}. Questo fenomeno può essere incluso in un modello numerico. Ciò richiede un aumento dello sforzo computazionale, perché a ciascun incremento di tempo e per ciascuna cella del modello, la nuova concentrazione $C_{t+\Delta t}$ viene confrontata con C_t. Se si parte con una fase di adsorbimento e se accade che $C_{t+\Delta t} > C_t$ si deve usare il fattore di ritardo:

$$R_a = 1 + \frac{1-n}{n}\rho_s K_{da}$$

dove K_{da} è la pendenza dell'isoterma di adsorbimento; tuttavia se invece risulta $C_{t+\Delta t} < C_t$ si deve usare la seguente:

$$R_d = 1 + \frac{1-n}{n}\rho_s K_{dd}$$

dove K_{dd} è la pendenza dell'isoterma di desorbimento.

II caso: Isoterma di Adsorbimento Istantaneo non lineare

Nel caso in cui ciascun soluto si muove indipendentemente dai suoi vicini, altre relazioni istantanee tra F e C vengono suggerite al posto dell'isoterma lineare:

1. Isoterma di secondo grado:

$$F = K_1 C - K_2 C^2 \qquad K_1, K_2 > 0$$

2. Isoterma di Langmuir

$$F = \frac{K_1 C}{1 + K_2 C} \qquad K_1, K_2 > 0$$

3. Isoterma di Freundlich

$$F = K_1 C^{1/n} \qquad K_1 > 0 \qquad n \geqslant 1$$

4. Isoterma esponenziale

$$F = K_1 C e^{k_2 C} \qquad K_1, k_2 \geqslant 0$$

Inoltre queste costanti dipendono dalla direzione dello scambio (adsorbimento o desorbimento) se il fenomeno non è strettamente reversibile.

III caso: Isoterma di Adsorbimento-Desorbimento non istantaneo

In questo caso bisogna conoscere la legge di variazione nel tempo di F rispetto a C. Per la complessità del problema, nonostante siano state proposte alcune soluzioni analitiche, il fenomeno viene generalmente trattato numericamente. Il termine sorgente diventa:

$$S = -(1-n)\rho_s \frac{\partial F}{\partial t} = -(1-n)\rho_s \frac{\partial F}{\partial C} \frac{\partial C}{\partial t}$$

La variazione della concentrazione adsorbita ($\partial F / \partial C$) è fornita dalla isoterma di equilibrio specifica mentre la variazione temporale ($\partial C / \partial t$) dalla cinetica di adsorbimento specifica. Pertanto, nell'ipotesi di adsorbimento non istantaneo, la soluzione dell'equazione del trasporto richiede anche la conoscenza della cinetica di adsorbimento. Le cinetiche di adsorbimento più conosciute sono la cinetica del primo ordine e del secondo ordine, tuttavia, altre cinetiche possono essere individuate da esperimenti in batch o in colonna.

Cinetica di adsorbimento del primo ordine

In questo caso la velocità di variazione della concentrazione è lineare e, di conseguenza, la concentrazione decresce in maniera esponenziale:

$$\frac{\partial C}{\partial t} = -\lambda (C - C_e) \tag{4.26}$$

la cui soluzione è:

$$C = C_e + (C_0 - C_e) e^{-\lambda t} \tag{4.27}$$

dove λ è la costante cinetica del primo ordine [T^{-1}]. La concentrazione in fase liquida C e la concentrazione adsorbita sulla fase solida F sono legate dalla ovvia relazione $F = \alpha(C_0 - C)$, in cui α rappresenta il rapporto fra il volume di liquido (V_w) e la massa solida (M_s). Con una cinetica del primo ordine la concentrazione adsorbita sulla massa solida si può scrivere come:

$$\frac{\partial F}{\partial t} = \frac{\partial F}{\partial C} \frac{\partial C}{\partial t} = \alpha \lambda (C - C_e) = \lambda (F_e - F) \tag{4.28}$$

essendo $F_e = \alpha(C_0 - C_e)$ la concentrazione adsorbita dalla massa solida fornita dalla specifica isoterma di equilibrio (i.e. $F_e = K_1 C^{1/n}$ nell'ipotesi di isoterma di Freundlich). Da notare che se la massa solida è in grado di adsorbire tutta la massa presente in soluzione la concentrazione di equilibrio si annulla ($C_e = 0$). In definitiva, se la cinetica di adsorbimento è del primo ordine la propagazione del contaminante viene determinata attraverso il seguente sistema di equazioni differenziali accoppiate:

$$\nabla(\mathbf{D}\nabla C - C\mathbf{q}) = n\frac{\partial C}{\partial t} + (1-n)\,\rho_s\frac{\partial F}{\partial t}$$
$$\frac{\partial F}{\partial t} = \lambda(F_e - F) \tag{4.29}$$

Queste due equazioni vengono risolte sequenzialmente o simultaneamente.

Cinetica di adsorbimento del secondo ordine

In questa ipotesi la velocità con cui varia la concentrazione in soluzione è parabolica e, di conseguenza, la variazione di C ha un andamento decrescente di tipo iperbolico:

$$\frac{\partial C}{\partial t} = -\lambda(C - C_e)^2 \tag{4.30}$$

L'integrazione dell'equazione della cinetica del secondo ordine fornisce la seguente soluzione:

$$C = \frac{C_0 - C_e}{1 + (C_0 - C_e)\lambda t} + C_e \tag{4.31}$$

dove λ è la costante cinetica del secondo ordine $[M^{-1}L^3T^{-1}]$. Con una cinetica del secondo ordine la concentrazione adsorbita sulla massa solida si può scrivere come:

$$\frac{\partial F}{\partial t} = \frac{\partial F}{\partial C}\frac{\partial C}{\partial t} = \alpha\lambda(C - C_e)^2 = \frac{\lambda}{\alpha}(F_e - F)^2 \tag{4.32}$$

Dunque, se la cinetica di adsorbimento è del secondo ordine la propagazione del contaminante viene determinata attraverso il seguente sistema di equazioni differenziali accoppiate:

$$\nabla(\mathbf{D}\nabla C - C\mathbf{q}) = n\frac{\partial C}{\partial t} + (1-n)\,\rho_s\frac{\partial F}{\partial t}$$
$$\frac{\partial F}{\partial t} = \frac{\lambda}{\alpha}(F_e - F)^2 \tag{4.33}$$

che risolte sequenzialmente o simultaneamente forniscono la concentrazione in soluzione C nello spazio e nel tempo e, di conseguenza, anche la concentrazione adsorbita sulla massa solida F.

IV caso: Relazione tra l'adsorbimento e la concentrazione C' nella frazione del fluido immobile

Nell'equazione del trasporto è possibile aggiungere un termine dell'adsorbimento:

$$\nabla(\mathbf{D}\nabla C - C\mathbf{q}) = n_c \frac{\partial C}{\partial t} + (1-n)\,\rho_s \frac{\partial F}{\partial t} + (n - n_c) \frac{\partial C'}{\partial t}$$

Se si ammette che c'è una isoterma di adsorbimento lineare, $F = K_d C$, e che la relazione tra C e C' è lineare, $C' = K'C$, si ha:

$$\nabla(\mathbf{D}\nabla C - C\mathbf{q}) = n_c \left[1 + \frac{1-n}{n_c}\rho_s K_d + \frac{n - n_c}{n_c} K' \right] \frac{\partial C}{\partial t}$$

Ciò forma un nuovo fattore di ritardo, nel quale l'adsorbimento e la ritenzione nella fase del fluido immobile sono mescolate. Lo stesso accadrebbe se una reazione cinetica del primo ordine venisse usata sia per F che per C.

In pratica il coefficiente K_d viene misurato per differenza in laboratorio in un esperimento *batch*. Si parte con una concentrazione nota C_1 nella fase fluida nella quale viene introdotta una data quantità di matrice solida. Dopo aver raggiunto l'equilibrio, la concentrazione C_2 viene misurata nella fase liquida rimanente: la massa della quantità adsorbita è dedotta per differenza. Tuttavia, la quantità che è scomparsa dalla fase mobile (che è la sola misurabile) include anche la quantità trattenuta nel liquido immobile legato al solido: quando viene introdotto l'adsorbimento istantaneo e lineare, non è necessario considerare la concentrazione C' nella fase immobile.

4.2.3   *Adsorbimento delle sostanze organiche: la teoria idrofobica*

Le sostanze organiche presenti nell'acqua sotterranea possono essere adsorbite dal mezzo poroso. Tuttavia, il meccanismo di adsorbimento è differente: le sostanze organiche vengono assorbite maggiormente in presenza di composti organici nel mezzo poroso. Come per gli ioni, viene introdotto un coefficiente di partizione d'equilibrio K_p [·] equivalente al coefficiente di distribuzione K_d e pari a $F = K_p C^m$, dove C^m è la concentrazione della massa del composto organico nell'acqua (massa per unità di massa dell'acqua) e F è la concentrazione dell'organico assorbito dal solido (massa per unità di massa). Poichè si assume costante la massa per unità di volume dell'acqua, la concentrazione volumetrica del composto organico nell'acqua (massa per unità di volume dell'acqua) dovrebbe essere $C = \rho C^m$. Per scrivere l'equazione del trasporto in termini di C^m occorre dividerla per ρ:

$$\nabla(\mathbf{D}\nabla C^m - C^m \mathbf{q}) = n\frac{\partial C^m}{\partial t} + (1-n)\frac{\rho_s}{\rho}\frac{\partial F}{\partial t}$$

dove ρ_s è la massa per unità di volume dei grani del mezzo poroso. Assumendo l'equilibrio istantaneo, il fattore di ritardo R viene definito da:

$$R = 1 + \frac{1-n}{n_c}\frac{\rho_s}{\rho}K_p$$

dunque l'equazione del trasporto esso diventa:

$$\nabla(\mathbf{D}\nabla C^m - C^m \mathbf{q}) = nR\frac{\partial C^m}{\partial t}$$

Si noti che viene usato ρ_s/ρ invece di ρ perché C^m è la concentrazione relativa alla massa. Il coefficiente di partizione K_p può essere misurato mediante esperimenti in batch o in colonna.

4.2.4   Decadimento radioattivo

Le sostanze radioattive decadono indipendentemente dalle condizioni di trasporto e dalle caratteristiche del mezzo poroso o della soluzione. Se non si verifica nessun trasporto, il termine che descrive la convezione e la dispersione della (4.23) si annulla e l'equazione diventa:

$$S = n\frac{\partial C}{\partial t} \tag{4.34}$$

il decadimento radioattivo determina una riduzione della concentrazione con una legge esponenziale del tipo:

$$\frac{\partial C}{\partial t} = -\lambda C \tag{4.35}$$

la quale integrata diventa $C = C_0 e^{-\lambda t}$. Il tempo di decadimento T è definito da $C/C_0 = 1/2$ che porta alla seguente equazione:

$$e^{-\lambda T} = \frac{1}{2} \qquad \text{ovvero} \qquad \lambda = \frac{\ln 2}{T} = \frac{0.693}{T} \tag{4.36}$$

Pertanto il termine sorgente della (4.23) diventa $S = -n\lambda C$ e l'equazione del trasporto diventa [De Marsily, 1986]:

$$\nabla(\mathbf{D}\nabla C - C\mathbf{q}) = n\left(\frac{\partial C}{\partial t} + \lambda C\right) \tag{4.37}$$

Se c'è una concentrazione F nella fase adsorbita, essa diminuirà secondo una legge simile alla (4.35). La scomparsa della massa di soluto è espressa qui in termini di massa per unità di tempo e per unità di massa del solido. Inserendo anche tale meccanismo nell'equazione di bilancio della massa di soluto si ha:

$$\nabla(\mathbf{D}\nabla C - C\mathbf{q}) = n\left(\frac{\partial C}{\partial t} + \lambda C\right) + (1-n)\rho_s\left(\frac{\partial F}{\partial t} + \lambda F\right) \tag{4.38}$$

Nel caso dell'adsorbimento reversibile e lineare ($F = K_d C$) l'equazione del trasporto di sostanze radioattive diventa:

$$\nabla(\mathbf{D}\nabla C - C\mathbf{q}) = nR\frac{\partial C}{\partial t} + nR\lambda C \tag{4.39}$$

5

IDENTIFICAZIONE PARAMETRICA E INCERTEZZA NELLO STUDIO DELLE ACQUE SOTTERRANEE

5.1 INTRODUZIONE

Le risorse idriche sotterranee sono oggetto di studi sempre più numerosi. Da qualche decennio si è effettuata una sistematica ricerca teorico-sperimentale di vasto raggio, individuando caratteristiche peculiari dei corpi idrici sotterranei. Al fine di inquadrare il problema è opportuno ricordare [Hassanizadeh e Carrera, 1992] che inizialmente è stato dato largo spazio all'aspetto descrittivo dei fenomeni della natura mediante la ricerca di modelli capaci, prevalentemente, di correlare dati sperimentali. Con l'incremento, però, sempre più vertiginoso dello sfruttamento delle risorse idriche sotterranee le ricerche di maggior interesse si sono spostate sulla previsione dell'evoluzione di un corpo idrico sotterraneo sottoposto a diversi tipi di sollecitazioni. Per poter prevedere occorre conoscere. La conoscenza degli acquiferi deve tener conto di due aspetti caratteristici. Il primo sottolinea la considerazione che un acquifero è una realtà naturale sotterranea diversa da realtà artificiale superficiale (ad es. un ponte, un impianto di trattamento...). In questo caso, essendo direttamente conoscibile la realtà in ogni punto che si desidera, il comportamento sotto sollecitazioni esterne è prevedibile con la precisione desiderata. Negli acquiferi, invece, la conoscenza è di tipo indiretto e discreto (attraverso pozzi), quindi la validità della previsione, a parità di sollecitazioni esterne, è strettamente legata all'ipotesi di comportamento continuo deducibile dai punti di controllo disponibili. In sostanza una falda idrica sotterranea è una realtà che non si vede, per leggerla occorre prefissare schemi fenomenologici che sono alla base dei modelli di simulazione e di ottimizzazione di cui occorre verificare l'attendibilità dei risultati e quindi, eventualmente, i limiti di applicabilità. Questo comporta una particolare attenzione nell'utilizzare i modelli di previsione.

Il secondo aspetto peculiare è la necessità di armonizzare le competenze, collegate in qualche maniera alle risorse idriche sotterranee, provenienti da diverse aree culturali al fine di migliorare i risultati delle ricerche.

5.2 PECULIARITÀ DEI MODELLI MATEMATICI IN IDROLOGIA SOTTERRANEA

Tutte le definizioni di modello matematico si possono ricondurre alla seguente: immagine della realtà interpretata attraverso una o più teorie e rappresentata attraverso delle equazioni matematiche. Com'è noto, la capacità di un modello matematico di descrivere l'evoluzione di un sistema reale naturale o realizzato dall'uomo, dipende essenzialmente dalla validità delle teorie in esso presenti, e quindi dalle equazioni che governano il fenomeno nella sua generalità, nonché dalla conoscenza sia delle proprietà del sistema reale e sia delle caratteristiche del fenomeno specifico. Ciò significa che la valutazione della "capacità" di tale modello matematico rimanda alla validazione della teoria su cui esso è fondato e alla determinazione delle proprietà del sistema reale e delle caratteristiche dell'evento specifico. In particolare per quanto riguarda i sistemi filtranti naturali occorre ricordare che di fatto sono sempre eterogenei e alcuni processi che non sono rilevanti su piccole scale, divengono predominanti su scale regionali. La necessità di tener conto di questa caratteristica è divenuta più evidente negli ultimi anni a causa della sempre più crescente richiesta di accurate previsioni a lungo termine inerenti, in special modo, la previsione del destino degli inquinanti e la messa a punto di metodi di protezione e di bonifica delle acque sotterranee.

Se questa richiesta è segno di una raggiunta presa di coscienza delle problematiche ambientali, l'esperienza ha, infatti, mostrato che le incertezze sulla conoscenza dei parametri caratteristici ed i meccanismi associati a cambiamenti di scala spaziali e temporali, usualmente incontrati in idrologia sotterranea, inficiano la validazione come comunemente percepita e quindi condizionano negativamente l'individuazione delle previsioni. In pratica il successo di un progetto di gestione delle risorse idriche sotterranee è legato ad un equilibrato rapporto dati disponibili e modelli matematici. Infatti, come ricordato, la caratteristica fondamentale è che la visione del sistema sotterraneo non è di tipo "continuo" ma di tipo puntuale. La conoscenza avviene attraverso i punti-acqua (pozzi, sorgenti, specchi liquidi), questa peculiarità si riflette nella scelta dello schema interpretativo della specifica falda sotterranea in esame (modello concettuale o fenomenologico) e nelle modalità con cui utilizzare i dati disponibili. Questi, in particolare, devono da un lato aiutare a conoscere il fenomeno idrico sotterraneo e dall'altro, come input dei modelli, devono permettere la descrizione dell'evoluzione del comportamento di una falda. Numero e tipo dei parametri caratteristici, necessari e sufficienti a caratterizzare un sistema filtrante, dipendono strettamente dal modello concettuale e dal corrispondente modello matematico, assunto valido per il medesimo. Pertanto la validazione del modello matematico in idrologia sotterranea, che inizialmente è stata vista come processo distinto dalla determinazione dei parametri caratteristici di un acquifero, è necessario considerarla un'operazione da effettuare contemporaneamente per i due aspetti. Si ritiene utile richiamarli brevemente qui di seguito.

5.3 MODELLI MATEMATICI E PARAMETRI CARATTERISTICI

Il modello matematico, come accennato in precedenza, è una rappresentazione mediante relazioni matematiche di una schematizzazione più o meno dettagliata della realtà, con la condizione che tra modello matematico e realtà si abbia una corrispondenza non ambigua.

Il modello matematico è composto, com'è noto, dal numero minimo di approssimazioni necessarie e sufficienti a costituire un problema matematico *chiuso* e risolvibile senza difficoltà di principio. Il flusso idrico e il trasporto di soluti nel sottosuolo è legato alla evoluzione della falda e alla reale distribuzione dei parametri caratteristici dell'acquifero in esame. Per ottenere questi occorre risolvere due ordini di problemi [Troisi e Fallico, 1992]. Il primo riguarda la metodologia da adottare per le misure in campo dei singoli parametri, il secondo, invece, l'estrapolazione di "dati puntuali" a zone estese dell'acquifero in questione. Le misure dei parametri idrogeologici atti a caratterizzare il comportamento di una falda sotterranea, sia dal punto di vista del moto idrico, sia da quello della dispersione di un inquinante in genere, non si possono annoverare tra le misure dirette in senso stretto. È sempre necessario il ricorso ad una o più relazioni matematiche tra il gruppo di parametri che si desidera quantificare e i dati sperimentali realmente o potenzialmente disponibili. Dette relazioni matematiche possono essere più o meno complesse (tipicamente: equazioni differenziali, equazioni algebriche, soluzioni semplificate, correlazioni empiriche) e implicano l'assunzione di modelli concettuali (schematizzazione della realtà) ben precisi, atti a descrivere il fenomeno fisico in esame. Nel caso in cui queste relazioni matematiche siano particolarmente semplici, è opportuno parlare, anche se con espressione un po' approssimata, di "stima sperimentale" dei parametri idrogeologici, in contrapposizione ad una *stima per via analitica*, quando le relazioni matematiche sono più sofisticate. È appena il caso di osservare che, per contro, non esiste alcun metodo analitico in grado di stimare un parametro *di per sé* (vale a dire senza un adeguato supporto sperimentale). Forse vale la pena ricordare che i valori dei parametri idrogeologici forniti in letteratura hanno un diverso grado di affidabilità legato ad una scala di significato fisico consolidato. Per cui esistono parametri dal significato fisico univoco e ben consolidato, come la permeabilità k, la porosità n e la trasmissività T, e parametri dal significato fisico non ancora completamente consolidato, come il coefficiente di dispersione D e la dispersività. Questa differenza nasce dal fatto che, solo dopo il 1960, è iniziato uno studio sistematico della dispersione di inquinanti di origine antropica in falde sotterranee e che il modello concettuale implicito in questi parametri presenta dei limiti. Per ridurre tali incertezze si è cercato di mettere in relazione i primi con i secondi [Troisi, Fallico, Coscarelli e Caramuscio, 1992]. Da quanto precede, è evidente che non tutti hanno lo stesso grado di precisione e, quindi, variano le modalità di uso. In particolare la dispersività, essendo il parametro idrogeologico individuato più di recente, presenta la maggiore incertezza. Infatti, non si è ancora arrivati ad un suo significato fisico univoco, come

per gli altri, per cui si oscilla tra una interpretazione legata strettamente alla geometria del sistema filtrante ed una interpretazione
che coinvolge anche in qualche modo il moto idrico, di cui alla
fine è funzione. Questo ha influenza anche sul coefficiente di dispersione idrodinamica D, che, per altro, presenta una dipendenza
diretta con la velocità dell'acqua in falda.

5.4   LA RAPPRESENTATIVITÀ DELLE MISURE

Da quanto precedentemente riportato si può dedurre che l'attendibilità della stima sperimentale dei parametri idrogeologici
dipende in primo luogo dalla effettiva rispondenza del modello
interpretativo adattato al tipo di esperienza realizzata o, più esattamente, ad una fase ben precisa di tale esperienza. Particolare
conseguenza di ciò è che la validità di una data stima è limitata
dagli stessi vincoli spazio-temporali, che garantiscono l'accettabilità delle approssimazioni di base del modello interpretativo. La
precisa individuazione di tali limiti dovrebbe costituire parte integrante di una buona campagna di misura. Nasce, poi, l'esigenza
di estendere la validità della stima sperimentale dei parametri in
un dato punto e in un dato tempo (ora, giornata o stagione), a luo-
ghi e a tempi diversi. L'ammissibilità di una tale generalizzazione
non può essere sancita in termini generali. Si può, anzi, affermare
che il problema dell'estrapolazione dei dati puntuali, in genere, è
impostato in maniera lacunosa; infatti, occorre specificare a priori il tipo di informazione (qualitativo, quantitativo) ed il grado di
importanza (peso) che si intende attribuire al risultato dell'estrapolazione. Inoltre, la dipendenza della stima dei parametri idrodispersivi dalle dimensioni spazio-temporali, caratteristiche delle
prove in campo, può, per molti sistemi reali, risultare piuttosto
accentuata. Questo inconveniente, quando è sistematico, evidenzia la difficoltà di definire un continuo equivalente, effettivamente
rappresentativo del comportamento macroscopico di un dato sistema interamente discontinuo. Nello sviluppo delle conoscenze
nel campo delle acque sotterranee, tale problema, cui si fa generi-
camente riferimento con la denominazione di *effetto scala*, è stato
oggetto di numerosi studi specifici [Giura, 1992]. Per quanto ri-

guarda la permeabilità e la trasmissività, è opinione corrente che le stime sperimentali di campo sono comunque concettualmente e quantitativamente differenti, proprio per *effetto scala*, da quelle generalmente richieste da un modello matematico di simulazione su scala regionale e anche sub-regionale.

Nella letteratura tecnica specializzata questa procedura, la cui pratica è documentata sin dai primi anni '50, viene indicata indifferentemente come identificazione di un acquifero, problema inverso, identificazione parametrica, calibrazione di parametri. La diversità della terminologia enfatizza, ma non sempre, alcune sottili differenze sostanziali in prima approssimazione trascurabili. Le soluzioni correntemente proposte, ormai numerosissime, differiscono tra loro per i metodi computazionali di base, per la modalità di impiego dei dati sperimentali disponibili, per la interpretazione della natura stessa (deterministica o stocastica) delle incognite. La letteratura su questo argomento fornisce numerosi lavori, e tra questi alcuni analizzano i principali aspetti dell'identificazione parametrica. Le conclusioni concordano nei seguenti punti:

a) il problema della identificazione di un acquifero per via analitica è piuttosto complesso;

b) non è possibile indicare una procedura efficace in assoluto;

c) il successo dipende, fondamentalmente, dal numero e qualità di informazioni sperimentali disponibili, dall'abilità nell'utilizzarle, dall'accortezza di confrontare informazioni e dati effettivamente tra loro paragonabili.

Da quanto precede, risulta evidente che esiste una relazione tra dati sperimentali di parametri idrodispersivi e modelli matematici del comportamento di una falda sotterranea soggetta a sfruttamento. La misura di parametri caratteristici presuppone infatti in maniera più o meno implicita la scelta di un modello concettuale. Questa, d'altra parte, impone le approssimazioni sui dati sperimentali. Quindi, la scelta di un modello matematico è legato alla omogeneità tra modello concettuale, più o meno esplicito nella metodologia della misura dei dati, e quello che è alla base dei modelli matematici. Se non si tiene conto di questo aspetto si rischia di ottenere delle soluzioni ai problemi di gestione delle risorse idriche sotterranee errate in quanto si dispone di una conoscenza dell'acquifero più grossolana di quella richiesta dallo strumento matematico. Attualmente spesso si trascura l'attenzione di verificare l'omogeneità tra modello concettuale alla base dei modelli matematici e quello alla base delle misure dei parametri caratteristici. Si è infatti notevolmente accentuato uno squilibrio tra le avanzatissime ricerche sui diversi aspetti modellistici e le scarse ricerche su nuove tecniche di misure sperimentali di parametri idrodispersivi.

5.5   RECENTI STUDI SULL'IDROLOGIA SOTTERRANEA

Gli studi nell'idrologia sotterranea, come accennato in precedenza, hanno subito un'evoluzione nei due aspetti principali: le misure dei parametri idrodispersivi ed i modelli di previsione. Inizialmente queste ricerche si sono sviluppate indipendentemente, recentemente si sono sempre più collegate. Si ritiene utile fare qualche richiamo di lavori più recenti in questi due campi che documentano questa evoluzione.

5.5.1 *Modelli matematici di previsione*

I modelli matematici di previsione, come accennato in precedenza, presuppongono una scelta dei tipi di modelli concettuali che nell'idrologia sotterranea si possono ricondurre a due: il modello deterministico ed il modello stocastico. Il primo si basa sulla identificazione di un REV funzione della scala delle eterogeneità del mezzo e delle distanze di studio della propagazione del soluto in osservazione dove si applicano l'equazione di conservazione della massa e quella del moto [Shapiro, 1987]. Come ben noto, si possono riferire ad un REV le proprietà di un mezzo multicomponente [Bear, 1972], passando ad un mezzo continuo, in assenza di fluttuazioni o di incrementi del valore della grandezza in osservazione. Il modello stocastico si basa invece sulla costruzione di una p.d.f. (*probably density function*) che descrive la distribuzione delle frequenze della caratteristica idrogeologica più vicina alla struttura solida del terreno, ossia la conducibilità idraulica [Dagan, 1989]. Da questa assunzione si costruisce una equazione stocastica che correla le eterogeneità misurabili dei processi con ciò che si può osservare in ogni realizzazione di un evento, ripetitivo o meno che sia [Rinaldo, 1991]. Il modello concettuale deterministico è stato quello, inizialmente, più studiato e sul quale quindi c'è una maggiore produzione scientifica. Il secondo tipo di modello è quello stocastico e parte dal presupposto che i mezzi porosi e le formazioni naturali sono eterogenei [Rinaldo, 1992]. Cioè le caratteristiche fisiche e chimiche sono variabili nello spazio e non si può essere in grado di descrivere questa variabilità da punto a punto in maniera univoca, tranne che assegnare a queste caratteristiche delle distribuzioni di probabilità. Questo approccio consente di rappresentare la realtà in osservazione attraverso i parametri statistici caratteristici di una distribuzione di probabilità (ovvero media, varianza, covarianza) [Dagan, 1989], ed in tal modo si è in grado di ben rappresentare la realtà in osservazione.

La bibliografia e la letteratura internazionale è piena di lavori in questo campo e dopo alcuni lavori storici dalla metà di questo secolo, il primo che ha proposto uno studio sistematico su un mezzo filtrante è stato Freeze nel 1975, in cui ha proposto uno studio su moti filtranti in campo monodimensionale in cui i parametri di moto erano definiti tramite distribuzioni di probabilità. Successivamente i lavori di Gelhar et al. nel 1979a e Matheron e De Marsily nel 1980 hanno messo in relazione l'eterogeneità ed i fenomeni dispersivi in formazioni stratificate. Matheron e De Marsily evidenziarono che il coefficiente di diffusione macroscopico cresceva con il tempo di percorrenza senza raggiungere un valore limite asintotico quando la stratificazione del mezzo è rigorosamente parallelo al flusso medio, mentre il coefficiente raggiungeva un comportamento Fickiano se il parallelismo non veniva rispettato. Smith e Schwartz [1980] realizzarono successivamente un procedimento Monte Carlo per risolvere numericamente le equazioni differenziali del moto in un dominio bidimensionale dove il campo di permeabilità è per la prima volta caratterizzato da una distribuzione statistica. Il mezzo idealizzato come un insieme di blocchi in cui i valori della conduttività idraulica generati ad ogni iterazione sono correlati fra di loro in funzione della distanza. I lavori di Dagan degli anni ottanta sistematizzati nel testo del 1989 fondano le basi di una teoria dello studio stocastico di moto e di trasporto nei mezzi porosi.

L'eterogeneità dell'acquifero viene descritta attraverso una struttura di covarianza esponenziale. Le eterogeneità fisiche però, a causa della loro ampia variabilità, non sempre possono rientrare nei limiti delle semplificazioni adottate per la teoria lineare di Dagan. Del resto le correlazioni non lineari sono state affrontate ancora poco. Problemi metodologici e di consistenza nella linearizzazione delle equazioni di moto e di trasporto sono stati posti in evidenza da studi italiani di Salandin e Rinaldo [1990], di Bellin et al. [1992]. Mentre il modello deterministico sembra aver rallentato il suo sviluppo per concentrare la sua attenzione nella individuazione degli ambiti ottimali di utilizzo, il modello stocastico è in pieno sviluppo si sta collegando con misure di laboratorio e di campo. Ambedue i modelli "probabilmente", dovranno interagire per giungere ad un unico approccio al problema. Ciò dovrebbe avvenire per almeno due ragioni.

La prima è di natura eminentemente "ideologica" [Castellano, 1993]. In tutti i rami della fisica, infatti, le equazioni della approssimazione continua vengono dedotte dall'approccio statistico e non viceversa. Quando il sistema di interesse è sospettato di comportamento fluttuante, i parametri di controllo delle equazioni di governo della approssimazione continua vengono modellati in modo da enfatizzare la inerente instabilità del sistema reale. Che poi sulle risposte di tali modelli si eseguano delle manipolazioni statistiche è un fatto che non stravolge l'impostazione di base del problema. La seconda ragione è associata al fatto che la descrizione statistica richiamata in precedenza è candidata a fornire risultati interessanti in presenza di un gran numero di informazioni *a priori*. Altrimenti, è necessario introdurre un numero equivalente di ipotesi.

Del resto anche Dagan, eminente assertore della necessità di un approccio stocastico al problema, auspica un passaggio dalle maggiori incertezze associate ad una distribuzione di probabilità incondizionata dei parametri caratteristici ad una caratterizzazione praticamente deterministica del moto e del trasporto di inquinanti in presenza di molte misure [Dagan, 1995]. Il fatto poi, come sopra

accennato, che in tutti i rami della fisica le equazioni della approssimazione continua vengono dedotte dall'approccio statistico sembra convalidare l'ipotesi di un ritorno all'approccio deterministico
in un non molto lontano futuro.

5.6 CALIBRAZIONE E VALIDAZIONE

Da quanto precede nasce l'esigenza di approfondire il concetto di validazione di un modello matematico. Tale processo si è
sempre visto come un processo distinto dalla determinazione dei
parametri caratteristici (calibrazione), in realtà però, come è stato
chiarito in precedenza, le due fasi non possono essere disgiun-
te a causa della loro stretta correlazione. I modelli matematici,
con l'avvento di calcolatori sempre più potenti, stanno sempre più
perfezionandosi raggiungendo capacità computazionali impensa-
bili fino a qualche decennio fa, d'altro canto però l'acquisizione
dei dati è rimasta pressappoco ai livelli passati sia per difficoltà
oggettive insite nella struttura stessa della natura e nella casualità degli eventi naturali sia per un minore interesse della ricerca
scientifica. Del resto anche questo campo dell'idraulica ha risen-
tito della profonda dicotomia esistente fra il mondo della ricerca
che deve risolvere il problema da un punto di vista fenomenologico ed il mondo professionale che lo deve risolvere da un punto di
vista delle condizioni al contorno [Di Silvio, 1992]. Questa spro-
porzione ha fatto si che i notevoli passi in avanti fatti nell'analisi
numerica non sono adeguatamente percepibili nelle applicazioni
a casi concreti essendo le incertezze dei dati maggiori di quelle
di calcolo. Tale contraddizione emerge in maniera lampante in
quelle discipline dove il modello matematico simula il comportamento di sistemi naturali soggetti a fenomeni anch'essi naturali,
ma pure in quei sistemi artificiali dove eventi naturali determinano sollecitazioni esterne alla struttura costruita dall'uomo (eventi
sismici nel calcolo strutturale degli edifici, eventi di piena nel calcolo delle pile dei ponti, ecc.). Così è accaduto che, solo per fare
degli esempi, si hanno modelli matematici sofisticatissimi per valutare l'onda di piena in un bacino idrografico ma non si ha un
numero adeguato di misure pluviografiche o idrometrografiche,

oppure si hanno complessi modelli tridimensionali per valutare la dispersione di un inquinante in falda ma i risultati sono condizionati dal fatto di disporre solo di alcune misure puntuali dei parametri idrodispersivi "misurati", il più delle volte, con modelli al massimo bidimensionali. Ciò che da più parti si sta cercando di evidenziare è la stretta correlazione che esiste fra modello matematico e dati, intesi sia come parametri caratteristici dell'acquifero sia come serie storica delle grandezze che descrivono il fenomeno.

Se l'obiettivo dell'utilizzazione di un modello matematico è di descrivere il comportamento di un sistema fisico sotto diverse sollecitazioni con un grado di affidabilità sempre maggiore, l'obiettivo di una campagna di acquisizione dati è quello di ottenere delle misure (indirette nel caso delle acque sotterranee!) dei parametri caratteristici del sistema con un range di precisione sempre più ristretto. Tali obiettivi possono essere raggiunti solo se posti in correlazione. Il grado di affidabilità della soluzione del modello dipende principalmente dalla validità del modello ma anche dalla precisione dei dati acquisiti, nello stesso tempo il range di precisione dei parametri dipende principalmente dalla *misura* ma anche dal modello matematico.

Se la dipendenza del modello matematico dalla precisione dei dati è palese, un pò meno appare il verso opposto di tale dipendenza. Questa subordinazione dei dati al modello è causata essenzialmente da due fattori: il primo è che il modello fenomenologico con il quale si determinano i parametri caratteristici deve essere uguale al modello fenomenologico che si utilizza per la simulazione, il secondo è dato dalla sensitività del modello rispetto a quei parametri che intervengono direttamente nelle equazioni che governano il fenomeno.

La correlazione fra dati e modello è ancora più evidente se si pensa alla necessità di estrapolare le *misure* puntuali dei parametri a tutto l'acquifero in esame. Se, infatti, è consolidata l'importanza delle prove di emungimento attraverso pozzi come unico modo per avere delle misure di tali parametri, è altresì noto che queste misure non danno l'effettivo valore dei parametri all'interno di tutto l'acquifero a causa dell'eterogeneità del mezzo e delle incertezze nella determinazione di tali *misure*. Per passare, quindi, dai valori dei parametri misurati puntuali a quelli effettivi dell'acqui-

fero e per raggiungere la necessaria congruità fra i modelli fenomenologici è necessaria una calibrazione parametrica del modello.
In tale fase si utilizzano di volta in volta diversi valori dei parametri, all'interno di un range di accettabilità, al fine di ottenere il
migliore accordo fra risultati calcolati e misurati [Konikow e Bredehoeft, 1992]. Tale operazione è anche chiamata risoluzione del
problema inverso. Com'è noto, però, la soluzione di tale problema
è non univoca ed instabile, ciò implica che si ha più di una combinazione di parametri che fornisce lo stesso risultato. [R.J. Brooks
et al., 1994].

Nel campo dell'ingegneria petrolifera la calibrazione viene chiamata *history matching* cioè adeguamento dei dati calcolati a quelli
misurati. Gli ingegneri petroliferi, compiuto il processo di *history
matching*, ritengono di poter prevedere il comportamento del sistema, fino a circa due volte il periodo delle serie storiche analizzate
[Thomas, 1982].

È interessante notare l'utilità di aggiornare periodicamente i dati calcolati e quelli misurati, poiché più lungo è il periodo delle
serie storiche analizzate maggiore sarà il periodo in cui si possono fare previsioni. Una volta effettuata la calibrazione parametrica del modello è opportuno stabilire un grado di affidabilità del
modello o, in altre parole, la sua validità. Tale necessità introduce una questione ormai annosa nell'ambito dell'idrologia sotterranea: si può validare un modello matematico applicato all'idrologia
sotterranea?

5.7   VALIDAZIONE: ASPETTI EPISTEMOLOGICI

Se c'è un ampio consenso circa la necessità di utilizzare un modello matematico per la soluzione di problemi di previsione dell'e-
voluzione di un acquifero o di ottimizzazione di un intervento di
bonifica, un tale consenso non esiste riguardo i processi e le regole
della sua validazione: non c'è accordo né su cosa sia la validazione né su come si possa validare una teoria e quindi un modello
matematico. Ciò non deve indurre a pensare che tale questione
non sia risolta perché troppo recente, poiché essa nasce insieme
alla teoria stessa, ma piuttosto perché intervengono in essa degli

aspetti epistemologici assai controversi.

Alla fine della I Guerra Mondiale, i membri del Circolo di Vienna formarono un gruppo di filosofi e scienziati guidati da un unico progetto scientifico ed umanistico, che proponeva una concezione scientifica del mondo, che fu chiamato *positivismo logico*. Come fu esposto da Carnap et al. [1929] la dottrina scientifica del Circolo di Vienna postula un metodo unitario per la scienza in cui la sperimentazione, e più largamente la percezione dei sensi, permette la scoperta delle proprietà degli eventi naturali e delle leggi da cui sono governati. Tale dottrina è essenzialmente empirica nel senso che, per i suoi proponenti, la verità scientifica può essere raggiunta solo attraverso l'osservazione obiettiva della realtà. La dottrina del Circolo di Vienna ha notevolmente influenzato il mondo scientifico e filosofico di questo secolo e, per quanto ci riguarda, il concetto di validazione [Déry et al., 1993]. Tale influenza è facile da individuare nella definizione di metodo scientifico che diede Bear nel 1968: "...*Oggi noi riconosciamo che un insieme di conoscenze sono diventate una scienza da certi aspetti. Prima di tutto, un evento deve essere misurato. Secondariamente, solo quegli eventi che misurati per molte volte, da diversi osservatori che ottengono la stessa misura, hanno un valore oggettivo. Successivamente, delle ipotesi sono formulate per interpretare l'evento per come esso appare, e queste ipotesi devono essere testate sotto tutte le diverse condizioni. Solo alla fine di questo processo e se nessun esperimento effettuato negli anni ha confutato le ipotesi queste assurgono a dignità di legge* ...". Tale processo prende il nome di validazione.

Il processo induttivo che sta alla base del positivismo del Circolo di Vienna è stato però oggetto di notevoli critiche: Come si può essere sicuri della validità di una generalizzazione basata sulla induzione diretta attraverso pochi casi? Le critiche maggiori al positivismo furono lanciate dal filosofo, recentemente scomparso, Karl Popper, il quale mosse le sue critiche attraverso un famoso esempio: "...*è accettabile generalizzare che tutti i cigni sono bianchi dall'osservazione di un campione di cigni bianchi? da un punto di vista prettamente positivista, l'osservazione di un solo cigno nero confuterebbe la tesi che tutti cigni sono bianchi? ma una volta che tale tesi è stata stabilita come vera nei termini propri del positivismo, ed è quindi parte delle conoscenza comune, come può diventare falsa? e lo stesso non può essere*

*detto per ogni conoscenza scientifica che deriva da un processo indutti-
vo? ...".* In questo modo, la teoria della falsificazione di Popper
assume una posizione opposta a quella del Circolo di Vienna. Infatti, mentre per la dottrina del Circolo di Vienna, l'osservazione
dell'evento è il punto di partenza e la teoria l'arrivo, Popper vede
la teoria come un punto di partenza in cui le ipotesi sono analizzate in un processo proteso a dimostrarne la falsità empirica. In
tale dottrina una teoria non può essere validata ma solo invalidata
(*"As scientists we can never validate a hypothesis, only, invalidate it"*, K.
Popper).

Il rifiuto dell'induzione diretta come metodo scientifico e la sua
sostituzione con la teoria della falsificazione genera un importante
questione: Se le teorie non possono essere indotte dalla realtà da
che cosa hanno origine? Inoltre la teoria di Popper non riesce a
descrivere adeguatamente il fatto che un buon numero di teorie
persistono anche quando se ne dimostra la falsità empirica. Dalla
contrapposizione delle due scuole di pensiero ne è nata una terza,
quella dello strumentalismo o pragmatismo, originata dal pensiero di diversi filosofi come John Dewey, Charles Peirce e William
James. Per tali filosofi la verità della conoscenza risiede essenzialmente nel suo carattere pragmatico e nella sua utilità concreta. La
conoscenza è genuinamente scientifica solo se ha un risvolto pra-
tico, se è uno strumento utile. Lo strumentalismo permette allora
di spiegare perché, a dispetto del rifiuto empirico, talune teorie sono utilizzate. In tale dottrina il concetto di validazione assume un
nuovo significato, essa non è più una verifica della validità del modello (modello valido), ma diventa una procedura atta a garantire
l'utilità del modello nel suo contesto specifico (modello validato):
"*... Un modello è costruito per problemi reali ed è applicato in situazioni
specifiche, esso è interamente strumentale. Noi non dobbiamo chiederci
se esso è valido, solo se esso è utile - noi validiamo non verifichiamo.*"
[Raitt, 1979].

5.8 VALIDAZIONE IN SITU DI MODELLI MATEMATICI IN IDRO-
LOGIA SOTTERRANEA

Volendo fermare l'attenzione ai modelli matematici più utilizzati in idrologia sotterranea (i modelli deterministici) si possono fare
le seguenti distinzioni: si definisce generico un modello implementato per risolvere una o più equazioni differenziali parziali, in situ
quando le condizioni al contorno e le dimensioni della griglia sono
assegnati a priori per rappresentare una particolare area geografi-
ca. I modelli generici non sono cosí robusti da precludere errori
quando applicati a problemi di campo. Se colui che utilizza il modello generico, inoltre, non conosce i dettagli del modello, la scala
di discretizzazione e le tecniche di risoluzione delle matrici, può
introdurre ulteriori errori nella simulazione. Nell'idrologia sotterranea l'applicazione dei modelli matematici a problemi di campo,
insieme agli aspetti epistemologici della validazione su ricordati,
è inficiata da diverse fonti di errore, una di tipo concettuale, è
rappresentata dalla non perfetta conoscenza dei reali processi che
avvengono nel sistema idrogeologico. Questo potrebbe, ad esempio, portare a trascurare processi rilevanti cosí come considerare
processi inappropriati; un esempio di tale errore si ha quando si
applica un modello di trasporto di inquinante in falda che trascura il fenomeno diffusivo in un acquifero con piccoli gradienti di
carico.

Una seconda fonte d'errore riguarda gli errori numerici generati
dall'algoritmo di risoluzione delle equazioni differenziali parziali.
Tali errori sono generati, ad esempio, dal troncamento delle derivate e dalla dispersione numerica. Una terza sorgente d'errore,
infine, è dovuta alla incertezza dei dati di input dovute al loro
carattere puntuale ed alla difficoltà nel reperire, o determinare, i
parametri idrodispersivi nonché alla non perfetta conoscenza delle
condizioni iniziali ed al contorno. Nella maggior parte delle simu-
lazioni l'interpretazione fenomenologica del problema e le incertezze sui dati di input sono le più comuni fonti d'errore. Per poter
utilizzare un codice di calcolo al fine di conoscere l'evoluzione del
comportamento di un sistema naturale soggetto a sollecitazioni,
occorre sapere se tale codice è in grado di fornire una soluzione
accurata delle equazioni differenziali parziali e se queste rappre-

sentano adeguatamente il fenomeno reale. Tale necessità ha innescato una ricerca acritica verso quei modelli cosiddetti validati creando cosí molta confusione sul concetto di validazione. Quest'ultima, infatti è intesa come una "garanzia" riguardo alla capacità previsionale di un modello e cioè come un processo di verifica che attribuisce ad un modello un soddisfacente grado di accuratezza, nei riguardi previsionali, all'interno del suo intero dominio di applicabilità e su diverse scale temporale e spaziale. L'esperienza ha invece mostrato che le incertezze sulla determinazione dei parametri caratteristici dell'acquifero ed i meccanismi associati a cambiamenti di scala spaziali e temporali, usualmente incontrati in idrologia sotterranea, inficiano l'importanza della validazione come erroneamente percepita [Hassanizadeh e Carrera, 1992]. Pertanto, sia da un punto di vista epistemologico ma soprattutto per le peculiarità dell'idrologia sotterranea, non si può verificare la validità di un modello ma solo validare il modello per il problema specifico, ciò proprio perché tali modelli matematici dipendono fortemente dal modello fenomenologico con cui si determinano i parametri caratteristici dell'acquifero e dalla variazione della scala delle eterogeneità. Tale procedura prende il nome di validazione in situ. In tale definizione è insita la dipendenza del tipo di validazione in situ dagli obiettivi del modello matematico [Leijnse e Hassanizadeh, 1994].

I modelli matematici in idrologia sotterranea vengono utilizzati, oltre che per scopi descrittivi, essenzialmente o per prendere delle decisioni in funzione del comportamento futuro di un acquifero soggetto a diverse sollecitazioni oppure, quando il modello o i risultati stessi del modello vengono inseriti nel modello di ottimizzazione, per ottimizzare una strategia di intervento necessaria alla soluzione di un problema qualitativo o quantitativo [Jeffers, 1991]. La procedura di validazione in situ si differenzia a secondo degli obiettivi che si intendono perseguire. Quando il modello viene utilizzato per prevedere il comportamento futuro dell'acquifero e quindi per poter prendere delle decisioni con il minor margine di rischio, la validazione in situ consiste nell'inserire nel modello di volta in volta i vari set di parametri determinati durante la calibrazione ed analizzare i diversi risultati che ne conseguono. Tra questi verranno utilizzati quelli che garantiscono il più alto margine di sicurezza. Quando, invece, il modello viene utilizzato nell'ambito di un modello di ottimizzazione la validazione in situ, che deve garantire l'utilità del modello nel suo contesto specifico, consiste nell'attenuare il legame fra i vincoli o la soluzione ottimale del progetto di intervento e le incertezze sui parametri dell'acquifero. Questo, ad esempio, si può ottenere o attraverso un'analisi di sensitività passo passo, durante la soluzione del problema, fra la soluzione ottimale e piccole variazioni dei parametri [Aguado et al., 1977] o attraverso il metodo dei vincoli probabili in cui per alcuni di questi non si richiede la verifica sotto tutte le condizioni ma solo che siano verificati con una data probabilità. In tale gerarchia la determinazione dei parametri caratteristici non è posta prima della costruzione o dell'adozione di un modello matematico ma successivamente nella calibrazione, in cui si determinano i parametri caratteristici dell'acquifero utilizzando lo stesso modello fenomenologico di quello utilizzato per la simulazione, la validazione nel senso classico è sostituita dalla validazione in situ che fornisce un grado di affidabilità del modello solo per il fenomeno e l'acquifero in studio e non nel suo intero dominio di applicazione e su diverse scale temporali e spaziali.

6

STIMA DEI PARAMETRI CARATTERISTICI DEI
MEZZI POROSI REALI

6.1 INTRODUZIONE

La modellazione del moto e del trasporto di un sistema idrico
sotterraneo, richiede come input i valori di talune proprietà fisiche
e idrauliche del sottosuolo che, con accezione comunemente con-
divisa in letteratura, vengono indicati come *parametri idrogeologici
o caratteristici* del sistema. In altre parole la risoluzione del *problema di previsione* del moto e/o del trasporto delle acque sotterranee
richiede la risoluzione preventiva del cosiddetto *problema di identificazione parametrica*, vale a dire, la determinazione sul dominio
d'interesse della distribuzione spaziale dei parametri che figura-
no nelle equazioni del moto e/o del trasporto e che esprimono le
proprietà fisiche e idrauliche dei corpi idrici sotterranei.

Ciò premesso, uno studio credibile delle acque sotterranee non
può e non deve prescindere dal fatto che i sistemi idrici sotterranei, salvo rare eccezioni, sono mezzi naturalmente eterogenei, le
cui proprietà fisiche e idrauliche, di conseguenza, evidenziano una
grande e complessa variabilità spaziale. Ciò è confermato da estese raccolte di dati idrogeologici. La Figura 6.1, ad esempio, illustra
l'andamento lungo una verticale della porosità e della permeabilità in un acquifero costituito da sabbie compatte e apparentemente
omogenee.

Per quanto sofisticata sia la tecnica numerica di risoluzione di
un problema di moto e/o trasporto nelle acque sotterranee, allora, non bisogna sottovalutare l'influenza negativa che una cat-
tiva descrizione o caratterizzazione dell'eterogeneità naturale e
della variabilità spaziale delle proprietà fisico-idrauliche degli acquiferi sotterranei può esercitare sulla modellazione matematica
del loro comportamento in termini di moto e/o trasporto. Pertanto, non potrà aversi una soluzione affidabile del problema di

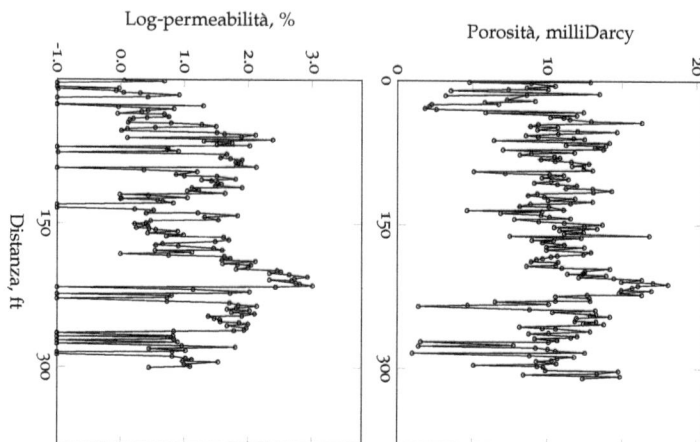

Figura 6.1: Porosità e permeabilità di un acquifero in Illinois rispetto ad una verticale espressa in ft. (da Bakr, 1976).

previsione in assenza di una soluzione affidabile del problema di identificazione.

Orbene, ragionando in astratto, si potrebbe pensare di risolvere il problema di identificazione parametrica nel modo più banale e cioè attraverso un completo programma di misurazioni sperimentali dei parametri di interesse.

Ad esempio, si immagini di dover studiare il moto idrico sotterraneo all'interno di un dominio spaziale 3D corrispondente ad un acquifero freatico. Dato che sarà necessario determinare la distribuzione spaziale tridimensionale della permeabilità, perché non misurare tale parametro in una fitta rete di punti del dominio, così da avere la *completa* conoscenza della sua variabilità spaziale nel dominio d'interesse? Le ragioni per le quali non è possibile operare in tal senso sono: 1) l'insostenibilità economica di un siffatto programma di misure sperimentali e 2) l'ingente sforzo computazionale che bisognerebbe produrre per far *girare* il modello matematico.

Ma c'è una terza e più importante ragione che ci impedisce, anche avendo a disposizione le necessarie risorse finanziarie e tecnologiche, di operare come sopra ipotizzato: i sondaggi necessari sarebbero tanto numerosi e tanto ravvicinati da rendere inevitabile la produzione di misure falsate. Si impone, insomma, una sorta di principio di indeterminazione alla Heisengerg delle acque sotterranee, per l'interferenza del processo di misura con la misura stessa.

Occorre quindi fare una considerazione per mettere a fuoco le peculiarità dello studio delle acque sotterranee: la conoscenza sperimentale dei parametri idrogeologici non può che essere basata su un campione limitato di misure, ovvero su campione di dati insufficiente a fornire una descrizione appropriata dell'eterogeneità naturale degli acquiferi sotterranei.

Mettendo insieme l'eterogeneità naturale degli acquiferi sotterranei, ovvero l'accentuata variabilità delle loro proprietà fisico-idrauliche, e l'impossibilità di averne una conoscenza sperimentale illimitata, si ottiene la grande incertezza che contraddistingue lo studio e la modellazione delle acque sotterranee.

6.2   PROVA DI EMUNGIMENTO

L'estrazione dell'acqua dal sottosuolo mediante pozzi è regolata dal rapporto fra la portata emunta e l'abbassamento del livello della falda. Dalla conoscenza di tale rapporto, in genere espresso mediante funzione, si possono ottenere diverse informazioni riguardanti la quantità d'acqua da poter estrarre dal sottosuolo e le caratteristiche del moto idrico sotterraneo.

In particolare, i principali scopi delle prove di emungimento si possono riassumere nei seguenti punti: 1) misura dei parametri idrodinamici caratteristici dell'acquifero, quali conducibilità idraulica o trasmissività, porosità o coefficiente di immagazzinamento; 2) individuazione di caratteristiche particolari dell'acquifero: influenza delle condizioni al contorno, eterogeneità, anisotropia, ecc. e 3) individuazione della portata ottimale estraibile dal sottosuolo e valutazione della risorsa idrica utilizzabile.

Esistono diverse modalità con cui effettuare le prove di emungimento, ma tutte si possono ricondurre all'individuazione di una portata di estrazione che può rimanere costante per un prefissato intervallo di tempo o subire una variazione a gradini secondo un programma prestabilito.

È opportuno ricordare che le prove di emungimento sono da inquadrare tra le misure sperimentali in situ per le quali occorre procedere, come per tutte le misure sperimentali, secondo metodologie ben consolidate che saranno richiamate nei paragrafi seguenti.

6.2.1 *Effetti dell'emungimento*

Nell'ipotesi di falda sub-orizzontale l'estrazione dell'acqua del sottosuolo crea un cono di depressione nella superficie piezometrica. Tale cono rovescio ha la sezione minore coincidente con la sezione del pozzo, quindi fissa, la sezione maggiore invece dipende dalla portata estratta. Il diametro e la profondità del cono di depressione aumentano in funzione della portata estratta e rappresentano il limite all'interno del quale gli abbassamenti sono misurabili.

I due dati geometrici che permettono, quindi, di individuare il cono di depressione all'istante t sono: i) l'abbassamento s del livello piezometrico rispetto a quello indisturbato, misurato all'interno del pozzo o in un piezometro vicino; ii) il raggio di influenza R ovvero la distanza dall'asse del pozzo oltre la quale l'abbassamento è nullo o praticamente non misurabile.

È possibile una sua rappresentazione piana sia secondo una sezione verticale che secondo una sezione orizzontale. Nel primo caso si ha una curva di depressione in funzione della distanza, nel secondo si ha una famiglia di curve concentriche, circonferenze nel caso di mezzo omogeneo e isotropo, e che rappresentano le curve di egual abbassamento. Queste curve sono assimilabili a delle linee mentre le linee di flusso, ad esse ortogonali, convergono verso l'asse del pozzo.

Se la pompa nel pozzo si arresta il cono tende ad annullarsi. Questa fase è chiamata risalita perché la superficie piezometrica torna alla posizione indisturbata. Spesso il livello statico dopo la risalita rimane al disotto di quello iniziale. La differenza viene chiamata scarto residuo e si indica con s_r

Queste considerazioni valgono sia per falde confinate sia per falde non confinate anche se cambia la rappresentazione grafica.

I fattori che influenzano le dimensioni del cono di depressione sono i parametri idrodinamici (permeabilità o trasmissività, coefficiente di immagazzinamento o porosità effettiva), il tempo di emungimento ed il regime di deflusso verso il pozzo. In particolare esiste una funzione diretta tra raggio di influenza e trasmissività ed indiretta con il coefficiente di immagazzinamento o porosità effettiva. Inoltre in generale le due dimensioni del cono di depressione aumentano con il tempo di emungimento, ma può verificarsi anche una stabilizzazione quando si raggiungono condizioni al contorno che alimentano la falda.

Nella pratica sono utilizzati due tipi di prove di emungimento:

- *prova di pozzo* con gradini di portata di breve durata con misura del livello dell'acqua nel pozzo di emungimento (livello dinamico). Obiettivo di tale tipo di prova è la determinazione delle caratteristiche del complesso acquifero/opera di captazione per definire l'attrezzatura tecnica o il completamento del sondaggio o del pozzo. Per gli interessati alle prove di pozzo si rimanda a testi specifici [Chiesa, 1994; Custodio e Llamas, 2005, 2007];

- *prova di emungimento* ad un solo gradino di portata, di lunga durata con misura dei livelli d'acqua nel pozzo e nei piezometri limitrofi. In tale prova lo scopo è la determinazione delle caratteristiche dell'acquifero, ovvero i parametri idrodinamici e le condizioni al contorno. In tutti i casi l'identificazione del *tipo idrodinamico d'acquifero* è necessaria all'interpretazione.

Le prove di falda o le prove di emungimento di lunga durata sono eseguite con un solo gradino di portata, a portata costante. L'esecuzione e l'interpretazione dei dati misurati, abbassamenti e tempi, poggiano sull'impiego delle espressioni di idrodinamica in regime transitorio, stabiliti prima da Theis [1935] e successivamente da Wenzel [1942] e da Jacob [1950].

La prova di emungimento persegue cinque scopi principali: i) misura in situ dei parametri idrodinamici; ii) studio quantitativo

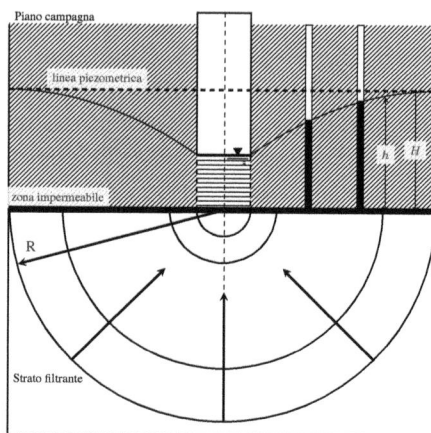

Figura 6.2: Rappresentazione verticale e orizzontale del cono di depressione prodotto da un emungimento in un acquifero freatico.

delle caratteristiche particolari dell'acquifero: condizioni ai limiti (conferma della distanza del pozzo dal limite, intasamento degli argini di un fiume), struttura (eterogeneità); iii) osservazione diretta, a grandezza vera, dell'effetto dello sfruttamento sull'acquifero; iv) previsione dell'evoluzione dell'abbassamento in funzione delle portate emunte; v) valutazione della risorsa idrica sotterranea sfruttabile.

Programma della prova di emungimento

gg i) sito della stazione di prova; ii) caratteristiche tecniche dell'opera di emungimento; iii) disposizione dei piezometri; iv) portata costante e durata di emungimento; v) periodo della prova.

Il sito deve soddisfare tutti i seguenti requisiti: omogeneità della struttura filtrante, basso gradiente idraulico, assenza di captazioni nelle immediate vicinanze, possibilità di allontanamento delle acque di emungimento, accesso facile, lontananza dalle strade e vie ferrate a grande circolazione (che possono influenzare l'andamento della piezometrica). Il pozzo di emungimento deve raggiungere il substrato impermeabile ed interessare tutto lo spessore dell'acquifero.

Il *diametro del tubo* e del filtro deve permettere l'installazione della pompa e dei suoi accessori (tubo guida di misura). È raccomandato un gioco di almeno 25 mm tra il corpo della pompa ed il tubo di rivestimento del pozzo. In tal modo si evita la perdita di carico quadratico nelle vicinanze del pozzo che limiterebbe artificialmente la portata emunta.

Per quanto riguarda il *numero di piezometri*, esso è condizionato dal problema da risolvere ma soprattutto dai fondi disponibili, cioè è generalmente limitato al minimo indispensabile, soprattutto per gli acquiferi profondi. La precisione delle interpretazioni è funzione del loro numero. Esso può essere limitato ad uno per gli acquiferi omogenei illimitati, a due per lo studio delle caratteristiche particolari ovvero delle condizioni al contorno.

La *distanza*, r, del (o dei) piezometro dall'asse del pozzo è compresa tra due limiti estremi. Superiore a 5 m per evitare l'influenza delle perdite di carico in vicinanza dell'opera e l'eterogeneità del serbatoio provocata dall'esecuzione dei lavori di perforazione e non superiore ai 150 m, al fine di riuscire a misurare gli abbassamenti. La distanza ottimale è di un terzo del raggio di influenza dell'acquifero. Per individuare le condizioni al contorno, è consigliabile disporre uno o due piezometri su un asse passante per il pozzo e perpendicolare al contorno e quanto più vicino a questo. La distanza ottimale, con un solo piezometro, è di circa 50 m.

La *profondità dei piezometri*, in acquifero omogeneo è sufficiente, da 0,50 - 1 m, sotto l'abbassamento derivante dalla portata prescelta. Nel caso contrario è necessario un piezometro completo.

La *portata di emungimento*, costante, deve soddisfare due condizioni: essere la più elevata possibile, restando in tutto compatibile con l'abbassamento massimo ammissibile sino alla fine della prova e deve potere essere mantenuta con una tolleranza del 5% durante tutta la sua durata. Dunque per poter determinare tale portata massima ammissibile occorre che la prova di pozzo preceda la prova di emungimento.

La *durata dell'emungimento* t_p, deve essere abbastanza lunga per superare l'effetto di capacità del pozzo dove si emunge. Si risente delle condizioni al contorno dopo un tempo approssimativo di $d^2S/2T$, dove d è la distanza del contorno dal pozzo, S il coefficiente di immagazzinamento e T la trasmissività.

L'intervallo delle misure di abbassamento deve essere molto breve durante i primi 30 minuti dell'emungimento.

Bisogna, inoltre, evitare i periodi di forti variazioni barometriche e di precipitazioni intense. In tutti i casi si raccomanda di utilizzare un barometro. Per lo studio delle condizioni ai limiti acquifero/fiume, bisogna evitare i periodi di piena del corso d'acqua.

6.2.2 *Prove di emungimento in falda confinata*

In precedenza è stato definito il termine di regime transitorio durante il quale le dimensioni del cono di depressione tendono a crescere in funzione del tempo di emungimento.

Metodo di Theis

Nel caso di falda confinata l'espressione generale proposta da C. V. Theis (vedasi paragrafo 2.4.2) è dunque:

$$s = \frac{Q}{4\pi T} W(u) \qquad\qquad (6.1)$$

dove:

$$W(u) = \int_u^\infty \frac{e^{-u}}{u}\, du \quad e \quad u = \frac{r^2 S}{4Tt}$$

Il termine $W(u)$ è una funzione esponenziale integrale decrescente. Essa è la funzione–pozzo (Well Function) fornita da specifiche tavole.

$$W(u) = -0,577216 - \ln u + u - \frac{u^2}{2 \times 2!} + \frac{u^3}{3 \times 3!} - \frac{u^4}{4 \times 4!} + \dots \quad (6.2)$$

Il significato dei simboli è il seguente: s abbassamento misurato in un piezometro; Q portata dell'emungimento costante; T trasmissività; S coefficiente di immagazzinamento; t tempo trascorso, ad un dato istante, dopo l'inizio dell'emungimento; r distanza del piezometro dall'asse del pozzo.

La soluzione di Theis si basa sulle seguenti ipotesi: i) acquifero confinato e di estensione illimitata; ii) acquifero omogeneo e isotropo e di spessore costante in corrispondenza dell'area interessata dal pompaggio; iii) superficie piezometrica orizzontale prima del pompaggio; iv) portata di emungimento costante; v) pozzo di emungimento completamente penetrante; vi) pozzo di piccolo diametro ed immagazzinamento di acqua nel pozzo trascurabile.

Gli abbassamenti della superficie piezometrica sono forniti in funzione della variabile tempo t e distanza r dall'asse del pozzo di emungimento.

$$s(r,\, t) = \frac{Q}{4\pi T} W(u) \qquad t = \frac{r^2 S}{4T} \left(\frac{1}{u} \right) \qquad (6.3)$$

Ricavando la funzione pozzo $W(u)$ e la $1/u$ dalla (6.3) si ottiene:

$$W(u) = \frac{s(r,\, t)}{(Q/4\pi T)} \qquad \frac{1}{u} = \frac{t}{(r^2 S/4T)} \qquad (6.4)$$

Osservando la (6.4) risulta evidente che la funzione pozzo $W(u)$ e $1/u$ sono rispettivamente l'abbassamento ed il tempo adimensionale. Osservando ancora la (6.3) si può dire che l'abbassamento è linearmente proporzionale a $W(u)$ mentre il tempo t è linearmente proporzionale a $1/u$. Se si applicano i logaritmi all'equazione (6.4), si ottiene:

$$\log W(u) = \log \frac{4\pi T}{Q} + \log s; \quad \log \frac{1}{u} = \log \frac{4T}{Sr^2} + \log t \quad (6.5)$$

Questo implica che il grafico di s rispetto a t su una carta bilogaritmica è traslato dal grafico di $W(u)$ rispetto $1/u$ di una quantità pari a $4\pi T/Q$ sull'asse degli abbassamenti e di $4T/Sr^2$ sull'asse del tempo (Figura 6.3).

Quindi, per poter determinare T ed S si deve così operare:

1. Tracciare la curva-tipo su una carta bilogaritmica;

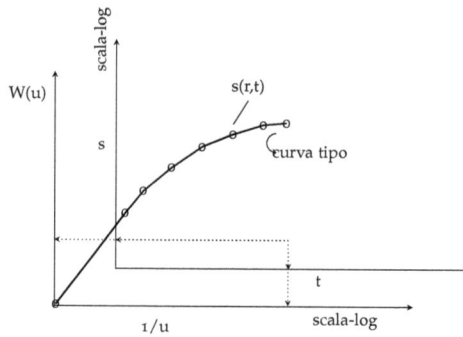

Figura 6.3: Sovrapposizione della Well function con gli abbassamenti misurati e individuazione del Match Point

2. Tracciare i dati su una carta trasparente con la stessa lunghezza di ciascun ciclo come nella curva-tipo;

3. Sovrapporre il foglio dei dati sopra la curva-tipo, tenendo gli assi coordinati del foglio e la curva tipo in maniera tale che i dati meglio si adattano alla curva tipo;

4. Individuare un punto d'intersezione, il *match point*, arbitrariamente scelto nella parte sovrastante che fisse le coppie di valori $(s, W(u))$ e $(t, 1/u)$

5. Determinare T e S attraverso le seguenti relazioni:

$$T = \frac{Q}{4\pi s}W(u) \qquad S = \frac{4Ttu}{r^2} \tag{6.6}$$

Metodo di Jacob-Cooper

I termini dello sviluppo in serie della funzione esponenziale integrale (6.2) diventano trascurabili, paragonati al primo termine costante, quando il tempo di emungimento cresce ed il valore di r decresce, da cui l'espressione di approssimazione logaritmica data da Jacob [1950]:

$$s = \frac{Q}{4\pi T} \left(\ln \frac{4Tt}{r^2 S} - 0.577216 \right) \tag{6.7}$$

ovvero:

$$s = \frac{Q}{4\pi T} \ln \frac{2.25Tt}{r^2S} \tag{6.8}$$

passando ai logaritmi decimali l'equazione diventa:

$$s = \frac{0.183Q}{T} \log \frac{2.25Tt}{r^2S} \tag{6.9}$$

Gli abbassamenti calcolati con tale relazione hanno un'approssimazione del 6% se corrispondenti a tempi superiori a $10r^2S/4T$.

Nell'espressione approssimata di C. E. Jacob (6.9) il primo termine è una costante, essendo costanti Q e T mentre nel secondo termine varia solo il tempo. Gli abbassamenti crescono in funzione del logaritmo del tempo.

I dati dell'emungimento sono riportati su una carta semilogaritmica (Figura 6.4), gli abbassamenti, espressi in metri dall'alto in basso, in ordinate lineari ed i tempi corrispondenti in ascisse logaritmiche. Il livello piezometrico iniziale è indicato nella parte alta del grafico. Le scale sono scelte in ogni caso, in particolare quelle dei tempi (secondi, minuti, ore), per utilizzare tutto lo spazio del grafico. I punti ottenuti permettono di tracciare la retta media rappresentativa dell'espressione di C.E. Jacob. La curva osservata all'inizio dell'emungimento traduce l'effetto di capacità dell'opera, che provoca un deflusso turbolento non lineare. Il punto di intersezione della retta rappresentativa con le ascisse misura il tempo (t_0) in cui non si osservano abbassamenti significativi.

La trasmissività è calcolata con la pendenza della retta rappresentativa. Poiché la scala delle coordinate non è omogenea, la pendenza, determinata mediante l'aumento degli abbassamenti durante un ciclo logaritmico, viene indicata con c. Pertanto la trasmissività può essere calcolata con l'espressione:

$$T = \frac{0.183Q}{c} \tag{6.10}$$

Ora, se $Q \neq 0$, $T \neq \infty$ estrapoliamo la linea retta al punto dove

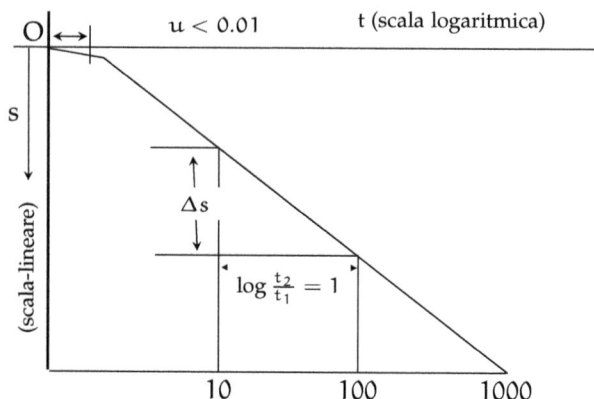

Figura 6.4: Interpretazione grafica del metodo della linearizzazione di Jacob-Cooper

l'abbassamento è zero, la linea retta intercetterà la linea $s = 0$ e verrà descritta dall'equazione (6.10)

$$s = \frac{0.183Q}{T} \log \frac{2.25 T t_0}{r^2 S} \qquad (6.11)$$

affinché gli abbassamenti siano nulli deve accadere che

$$\frac{2.25 T t_0}{r^2 S} = 1 \qquad (6.12)$$

e quindi:

$$S = \frac{2.25 T t_0}{r^2} \qquad (6.13)$$

Metodo dei Minimi Quadrati non lineari

Al fine di determinare il valore della trasmissività equivalente di un mezzo poroso è possibile utilizzare contemporaneamente gli abbassamenti misurati nei diversi piezometri, eventualmente a disposizione. In tal modo si otterrà un valore di trasmissività equivalente che tiene conto delle eterogeneità incontrate dal flusso idrico durante l'emungimento. A tal fine si può applicare la soluzione di Theis su tutte le serie di dati di abbassamento ottenuti in ogni piezometro. La soluzione di Theis da risolvere diventa la seguente:

$$\chi^2 = \sum_{i=1}^{n} \sum_{j=1}^{t\,max} \left[\frac{h_{ij} - \hat{h}_{ij}}{\sigma_{ij}}\right]^2 = \min \tag{6.14}$$

dove l'indice i si riferisce al piezometro d'osservazione e j denota l'abbassamento nell'istante di tempo j—esimo misurato nel piezometro i—esimo, inoltre il carico idraulico vale

$$\begin{cases} \hat{h}_{ij} = h_i^0 - \hat{s}_{ij} \\ h_{ij} = h_i^0 - s_{ij} \end{cases} \tag{6.15}$$

$\hat{s}_{ij}$ sono i valori degli abbassamenti simulati dalla soluzione di Theis, mentre s_{ij} sono i valori degli abbassamenti osservati durante il test di pompaggio nell'i—esimo piezometro e nell'istante di tempo j—esimo, σ_{ij} sono gli errori di misura (deviazione standard) che si suppongono essere noti. Per calcolare gli abbassamenti si usa la soluzione di Theis:

$$\hat{s}_{ij} = \frac{Q}{4\pi T} W\left(\frac{r_i^2 S}{4Tt_i}\right) = \frac{Q}{4\pi T}\left[-0.5772 - \ln\left(\frac{r_i^2 S}{4Tt_i}\right) + \right.$$
$$\left. +\left(\frac{r_i^2 S}{4Tt_i}\right) - \frac{1}{22!}\left(\frac{r_i^2 S}{4Tt_i}\right) + \ldots\right] \tag{6.16}$$

L'equazione (6.14) è la funzione da minimizzare che dipende da r, t, T e S. In prossimità del suo minimo, la funzione χ^2 assumerà una forma approssimativamente quadratica, si avrà dunque:

$$\chi^2(\mathbf{a}) = \chi^2(\mathbf{a_i}) - (\mathbf{a} - \mathbf{a_i})\nabla\chi^2(\mathbf{a_l}) +$$
$$\frac{1}{2}(\mathbf{a} - \mathbf{a_i})\nabla^2\chi^2(\mathbf{a_i})(\mathbf{a} - \mathbf{a_i}) \tag{6.17}$$

differenziando la funzione e ponendo il risultato uguale a zero si avrà:

$$\nabla\chi^2(\mathbf{a}_i) = \nabla\chi^2(\mathbf{a}_i) + (\mathbf{a} - \mathbf{a}_i)[\mathbf{H}] = 0 \qquad (6.18)$$

dove $\mathbf{H}$ è la matrice Hessiana della funzione in a_i. Lo scarto, $(a - a_i)$, da un successivo punto d'iterazione sarà la soluzione dell'equazione

$$[\mathbf{H}](\mathbf{a} - \mathbf{a}_i) = -\nabla\chi^2(\mathbf{a}_i) \qquad (6.19)$$

in tal caso, χ^2 dipende da T e S, così si ha:

$$\begin{cases} \dfrac{\partial\chi^2}{\partial T} = -2\sum_{i=1}^{n}\sum_{j=1}^{T}\left[\dfrac{(h_{ij} - \hat{h}_{ij})}{\sigma_{ij}}\right]\dfrac{\partial\hat{h}_{ij}}{\partial T} \\[4mm] \dfrac{\partial\chi^2}{\partial S} = -2\sum_{i=1}^{n}\sum_{j=1}^{T}\left[\dfrac{(h_{ij} - \hat{h}_{ij})}{\sigma_{ij}}\right]\dfrac{\partial\hat{h}_{ij}}{\partial S} \end{cases} \qquad (6.20)$$

La derivata parziale sarà:

$$\begin{cases} \dfrac{\partial^2\chi^2}{\partial T_k \partial T_l} = -2\sum_{i=1}^{n}\sum_{j=1}^{T}\dfrac{1}{\sigma_{ij}^2}\left[\dfrac{\partial\hat{h}_{ij}(\mathbf{a}_i)}{\partial T_k}\dfrac{\partial\hat{h}_{ij}(\mathbf{a}_j)}{\partial T_l}\right] + \\[3mm] \qquad\qquad - (h_{ij} - \hat{h}_{ij}(\mathbf{a}_i))\dfrac{\partial^2\hat{h}_{ij}(\mathbf{a}_i)}{\partial T_k \partial T_l} \\[4mm] \dfrac{\partial^2\chi^2}{\partial S_k \partial S_l} = -2\sum_{i=1}^{n}\sum_{j=1}^{T}\dfrac{1}{\sigma_{ij}^2}\left[\dfrac{\partial\hat{h}_{ij}(\mathbf{a}_i)}{\partial S_k}\dfrac{\partial\hat{h}_{ij}(\mathbf{a}_j)}{\partial S_l}\right] + \\[3mm] \qquad\qquad - (h_{ij} - \hat{h}_{ij}(\mathbf{a}_i))\dfrac{\partial^2\hat{h}_{ij}(\mathbf{a}_i)}{\partial S_k \partial S_l} \end{cases} \qquad (6.21)$$

Se si assegna un valore T e S e si stabilisce che:

$$\begin{aligned} \mathbf{H}_{kl}^T &= \frac{\partial^2\chi^2}{\partial T_k \partial T_l} & \mathbf{H}_{kl}^S &= \frac{\partial^2\chi^2}{\partial S_k \partial S_l} \\[3mm] \mathbf{D}_l^T &= \frac{\partial\chi^2}{\partial T_l} & \mathbf{D}_l^S &= \frac{\partial\chi^2}{\partial S_l} \end{aligned} \qquad (6.22)$$

l'incremento al passo successivo, ΔT e ΔS, è dato dalla seguente equazione:

$$\begin{cases} \displaystyle\sum_{i=1}^{n} \sum_{j=1}^{t\,max} \mathbf{H}_{ij}^{T}\Delta T = \mathbf{D}_{i}^{T} \\[4mm] \displaystyle\sum_{i=1}^{n} \sum_{j=1}^{t\,max} \mathbf{H}_{ij}^{S}\Delta S = \mathbf{D}_{i}^{S} \end{cases} \qquad (6.23)$$

Dunque, l'incremento ΔT e ΔS, può essere aggiunto al valore assegnato, T e S, e usato per rivalutare il carico simulato $\hat{h}$. Se la funzione χ^2 (6.14) con il nuovo valore di $\hat{h}$ calcolato non soddisfa l'approssimazione richiesta, il procedimento verrà ripetuto.

6.2.3   *Prove di emungimento in falda non confinata*

La situazione di falda freatica e pozzo completo, o parzialmen-te penetrante, è stata studiata da Neuman [1975] che, assumendo l'acquifero: 1) freatico di estensione illimitata, 2) omogeneo e di spessore uniforme, 3) isotropo, o anisotropo ma con le direzioni principali del tensore di permeabilità parallele agli assi del siste-ma di riferimento e 4) con superficie libera orizzontale prima del pompaggio a portata costante. Con tali ipotesi Theis ha ottenuto la soluzione di seguito riportata:

$$s(r, t) = \frac{Q}{4\pi T} \int_{0}^{\infty} 4y J_0\left(y\beta^{1/2}\right)\left(u_0(y) + \sum_{n=1}^{\infty} u_n(y)\right) dy \quad (6.24)$$

dove J_0, è la funzione di Bessel di ordine zero e di prima specie $\beta = \dfrac{r^2 K_v}{D^2 K_h}$, D è lo spessore saturo della falda, r è la distanza pozzo-piezometro, K_h, K_v sono la conducibilità idraulica orizzon-tale e verticale rispettivamente. Per quanto riguarda le funzioni $u_0(y)$ e $u_n(y)$ occorre precisare che assumono espressioni diverse a secondo che il pozzo sia completo o a parziale penetrazione.

Pozzo completo

Nel caso di pozzo completo le suddette funzioni sono fornite dalle seguenti espressioni:

$$
\begin{aligned}
u_0(y) &= \frac{\{1 - \exp[-t_s \beta (y^2 - \gamma_0^2)]\} \tanh(\gamma_0)}{[y^2 + (1 + \sigma)\gamma_0^2 - (y^2 - \gamma_0^2)/\sigma] \gamma_0} \\
u_n(y) &= \frac{\{1 - \exp[-t_s \beta (y^2 + \gamma_n^2)]\} \tan(\gamma_n)}{\{y^2 + (1 + \sigma)\gamma_n^2 - (y^2 - \gamma_n^2)/\sigma\}(\gamma_0)}
\end{aligned}
\tag{6.25}
$$

dove t_s è pari a $\dfrac{Tt}{Sr^2}$, $l_D = \dfrac{b}{D}$ mentre i termini γ e γ_0 sono ricavabili dalle seguenti espressioni:

$$
\begin{cases}
\sigma \gamma_0 \sinh(\gamma_0) - (y^2 - \gamma_0^2) \cosh(\gamma_0) = 0 & \text{con } \gamma_0^2 < \gamma^2; \\
\sigma \gamma_n \sinh(\gamma_n) + (y^2 - \gamma_n^2) \cosh(\gamma_n) = 0 & \text{con } n \geqslant 1 \\
\text{e con } (2n - 1)(\frac{\pi}{2}) < \gamma_n < n\pi;
\end{cases}
$$

Nel caso in esame l'espressione dell'abbassamento può essere scritta più semplicemente nel seguente modo:

$$
s = \frac{Q}{4\pi T} W(u_a, u_b, \beta) = \frac{Q}{4\pi T} \bar{s}_D
\tag{6.26}
$$

con:

$$
\beta = \frac{r^2 K_v}{D^2 K_h} \qquad u_a = \frac{r^2 S}{Tt} = \frac{1}{t_s} \qquad u_b = \frac{r^2 S_y}{Tt} = \frac{1}{t_y}
$$

Queste famiglie di curve-tipo sono inviluppate dalle curve di Theis, come si può notare dalla Figura 6.5, e si avvicinano ad un set di asintoti orizzontali la cui lunghezza dipende dal valore di σ, $\sigma = \dfrac{S}{S_y}$, e il cui valore è individuato da β.

Il metodo delle *Type-Curve* di Neuman è simile a quello del *match point* di Theis per un acquifero confinato, ma l'analisi è più complessa a causa del maggior numero di parametri che intervengono nella soluzione di Neuman. Innanzitutto, occorre plottare gli abbassamenti misurati nel tempo su una carta log-log. Successivamente, i punti relativi alla fase finale della prova di emungimento

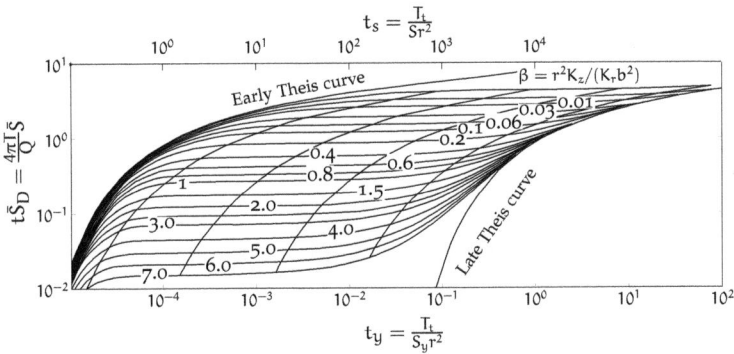

Figura 6.5: Curve teoriche di $W(u_a, u_b, \beta)$ rispetto a $1/u_a$ e $1/u_b$ per un acquifero non confinato [Neuman, 1975].

vengono sovrapposti con le *Late Type Curve* (tipo B) al fine di otte-nere il migliore *matching* con i dati e sempre mantenendo gli assi delle ordinate e delle ascisse fra di loro paralleli. Fissata la posizio-ne della sovrapposizione ottimale, si legge il valore della curva (β) e si fissa un *match point* a cui corrispondono due coppie di valori sui rispettivi assi che ci permetteranno di calcolare T e S_y:

$$T = \frac{Q\bar{s}_D}{4\pi s} \qquad S_y = \frac{Tt}{r^2 t_y}$$

Successivamente, effettuando nuovamente la sovrapposizione con la parte iniziale del grafico, si individua S. Infatti, sovrap-ponendo gli abbassamenti iniziali misurati con la *Early Type Curve* (tipo A) con un valore di β pari a quello determinato precedente-mente, un nuovo *match point* viene fissato che fornisce il valore del coefficiente di immagazzinamento S:

$$S = \frac{Tt}{r^2 t_s}$$

Avendo determinato la conducibilità idraulica dell'acquifero non confinato è possibile calcolare la conducibilità orizzontale e quella verticale attraverso le seguenti relazioni:

$$K_h = T/D \qquad K_v = \frac{\beta D^2 K_h}{r^2}$$

Pozzo incompleto

Nel caso di pozzo parzialmente penetrante, le funzioni $u_0(y)$ e $u_n(y)$ della relazione (6.25) assumono la seguente forma:

$$u_0(y) = \frac{\{1 - exp[-t_s \beta(y^2 + \gamma_0^2)]\}\cosh(\gamma_0 zD)}{\{y^2 - (1+\sigma)\gamma_0^2 - (y^2 + \gamma_0^2)/\sigma\}\cosh(\gamma_0)} \times$$
$$\frac{\sinh[\gamma_0(1 - d_D)] - \sinh[\gamma_0(1 - l_D)]}{(l_D - d_D)\sinh(\gamma_0)}$$

$$u_n(y) = \frac{\{1 - exp[-t_s \beta(y^2 + \gamma_n^2)]\}\cosh(\gamma_n zD)}{\{y^2 - (1+\sigma)\gamma_n^2 - (y^2 + \gamma_n^2)/\sigma\}\cos(\gamma_n)} \times$$
$$\frac{\sin[\gamma_n(1 - d_D)] - \sin[\gamma_n(1 - l_D)]}{(l_D - d_D)\sin(\gamma_n)}$$

$$(6.27)$$

in cui sono presenti le grandezze precedentemente definite e, inoltre z è la distanza verticale dal fondo dell'acquifero, $z_D = z/D$ la profondità adimensionale, l la distanza dal fondo del pozzo della superficie libera di falda indisturbata, $l_D = b/D$, $d_D = d/D$ e d la distanza tra superficie libera di falda indisturbata ed estremo superiore del filtro. Tali relazioni sono state verificate sperimentalmente nel campo pozzi del Dipartimento di Difesa del Suolo dell'Università della Calabria [Troisi, Fallico e Coscarelli, 1993].

6.3   PROVA DI EMUNGIMENTO BREVE (PEB)

La conoscenza delle proprietà idrauliche di un acquifero è indispensabile per migliorare la nostra capacità di prevedere il movimento e la circolazione dell'acqua nel sottosuolo. La trasmissività T e il coefficiente di immagazzinamento S sono due importanti proprietà che controllano il flusso delle acque sotterranee nelle falde acquifere e sono di notevole importanza per lo sviluppo e la gestione delle risorse idriche. Tradizionalmente, questi parametri di un acquifero sono determinati attraverso la raccolta di dati relativi agli abbassamenti nel tempo indotti da un emungimento ed elaborati poi con soluzioni analitiche che assumono l'acquifero omogeneo. La soluzione di Theis [1935] è una delle soluzioni analitiche comunemente utilizzate per interpretare le prove di emungimento in falde confinate. Essa deriva dall'integrazione dell'equazione di flusso non stazionario radiale, orizzontale in un acquifero omogeneo confinato.

Anche se la soluzione di Theis è teoricamente applicabile solo a condizioni di flusso e di falda ideali, è stata ampiamente utilizzata in campo per stimare le proprietà di un acquifero. A partire dalla soluzione di Theis [1935] e successivamente da quella di Cooper e Jacob [1946], sono stati compiuti molti sforzi al fine di sviluppare metodi semplici per caratterizzare un mezzo poroso. Molti autori hanno presentato nuove procedure per la valutazione dei parametri di un acquifero utilizzando l'approssimazione di Jacob della funzione pozzo [Khan, 1982] oppure utilizzando la derivata degli abbassamenti.

Chow [1952] ha suggerito l'idea di utilizzare la derivata logaritmica degli abbassamenti nell'interpretazione di una prova di emungimento, dimostrando che la trasmissività di un acquifero confinato ideale è proporzionale al rapporto tra la portata di emungimento e la derivata logaritmica degli abbassamenti finali. Essenzialmente, questo approccio richiede il calcolo della derivata degli abbassamenti con una precisione accettabile per una stima affidabile dei parametri. Pertanto, è stato dedotto che i metodi che utilizzano la derivata degli abbassamenti, in particolare quei metodi che utilizzano derivate di ordine elevato, sono affetti da un errore dovuto al calcolo numerico delle derivate.

Spane e Wurstner [1993] hanno implementato un codice di calcolo basato su un efficiente schema numerico per calcolare le derivate della pressione con una buona precisione. Van Tonder et al. [2000] hanno presentato un metodo, valido sia per gli abbassamenti iniziali che finali, che permette la caratterizzazione dei regimi di flusso utilizzando le informazioni relative alle derivate degli abbassamenti. Questo approccio non richiede l'interpolazione della curva degli abbassamenti con un modello. Singh [2001] ha proposto un metodo, valido sia per gli istanti di tempo iniziali che finali, per la valutazione in forma esplicita dei parametri di un acquifero utilizzando la derivata prima dell'abbassamento e calcolandola con uno schema basato su un approccio analitico. Infine, Trinchero et al. [2008] hanno proposto una metodologia per l'interpretazione di una prova di emungimento in un acquifero confinato disperdente basato sull'analisi della derivata prima e seconda dell'abbassamento rispetto al logaritmo del tempo per la stima dei parametri di falda.

Infine, Straface [2009], ha proposto una nuova metodologia basata sulla soluzione esatta dell'equazione relativa al flusso non stazionario e radiale nel sottosuolo [Theis, 1935], in grado di calcolare la trasmissività e il coefficiente di immagazzinamento, utilizzando solo la derivata prima dell'abbassamento rispetto al tempo.

6.3.1 Calcolo dei parametri T e S

Come è noto, la trasmissività e il coefficiente di immagazzinamento sono spesso ottenuti attraverso delle prove di emungimento.

In una configurazione di acquifero confinato, il flusso delle acque sotterranee indotto da una prova di emungimento, si presume essere descritto dalla seguente equazione:

$$T\frac{\partial^2 h}{\partial r^2} + \frac{T}{r}\frac{\partial h}{\partial r} = S\frac{\partial h}{\partial t} \qquad (6.28)$$

con le seguenti condizioni al contorno

$$h_{\infty,t} = h_0 \qquad \lim_{r \to 0}\left(r\frac{\partial h}{\partial r}\right) = \frac{Q}{2\pi T}$$

$$h_{r,0} = h_0$$

dove: h è il carico idraulico, Q la portata, r il raggio, T la Trasmissività ed S il Coefficiente di immagazzinamento.

La soluzione proposta da Theis, come già illustrato in precedenza, è la seguente:

$$s(r, t) = \frac{Q}{4\pi T} \int_u^\infty \frac{e^{-u}}{u} du = \frac{Q}{4\pi T} W(u) \qquad (6.29)$$

$$u = \frac{r^2 S}{4Tt} \qquad (6.30)$$

Ora, a differenza di quanto visto finora, con lo sviluppo proposto da Theis o da Jacob-Cooper, si vuole determinare i parametri T e S attraverso l'utilizzo della derivata temporale dell'abbassamento. Inoltre, attraverso tale sviluppo matematico, l'analisi di un acquifero viene ad essere notevolmente migliorata rispetto alle classiche soluzioni, a causa della forte sensibilità della derivata a piccole variazioni dell'abbassamento che si hanno durante una prova di pompaggio.

Viene quindi considerata l'espressione di Theis, e si effettua il calcolo delle derivate. Le derivate degli abbassamenti rispetto al tempo, usando la soluzione di Theis sono le seguenti:

$$\frac{ds}{dt} = \frac{Q}{4\pi Tt} e^{-u} \qquad (6.31)$$

$$\frac{d^2 s}{dt^2} = \frac{Q}{4\pi Tt^2} (u-1) e^{-u} \qquad (6.32)$$

$$\frac{d^3 s}{dt^3} = \frac{Q}{4\pi Tt^3} (u^2 - 4u + 2) e^{-u} \qquad (6.33)$$

Ora, considerando l'equazione (6.31), la prima derivata dell'abbassamento può essere calcolata rispetto al logaritmo naturale del tempo (derivata logaritmica). Si ha quindi:

$$\frac{ds}{d(\ln t)} = t \frac{ds}{dt} = \frac{Q}{4\pi T} e^{-u} \qquad (6.34)$$

$$\frac{d^2 s}{d(\ln t)^2} = t \frac{ds}{dt} + t^2 \frac{d^2 s}{dt^2} = \frac{Q}{4\pi T} u e^{-u} \qquad (6.35)$$

$$\frac{d^3 s}{d(\ln t)^3} = t \frac{ds}{dt} + 3t^2 \frac{d^2 s}{dt^2} + t^3 \frac{d^3 s}{dt^3} = \frac{Q}{4\pi T} (u^2 - u) e^{-u} \quad (6.36)$$

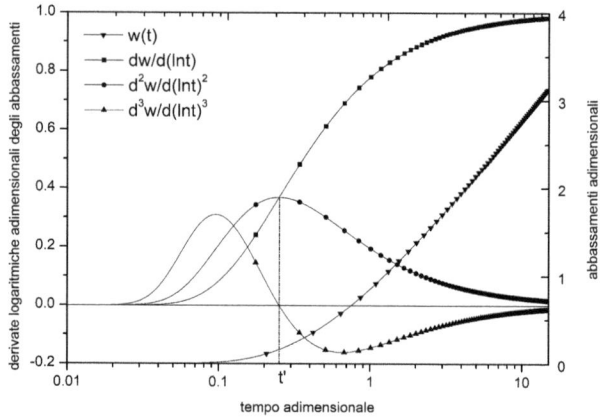

Figura 6.6: Grafico semi-logaritmico degli abbassamenti adimensionali $(4\pi Ts/Q)$, della derivata logaritmica adimensionale prima seconda e terza rispetto a $4tT/r^2S = 1/u$ che è il tempo adimensionale.

Le Figura 6.6 e Figura 6.7 mostrano il comportamento dell'abbassamento e della sua derivata temporale.

Analizzando il comportamento di queste quantità si può osservare che:

1. la derivata $\frac{d^2s}{d(\ln t)^2}$ mostra un massimo locale quando $\frac{ds}{d(\ln t)}$ presenta un punto di flesso discendente (a t'), e conseguentemente, a questo punto il valore di $\frac{d^3s}{d(\ln t)^3}$ è zero;

2. Il valore di $\frac{ds}{d(\ln t)}$ al tempo t' corrisponde al valore di $\frac{d^2s}{d(\ln t)^2}$ allo stesso istante;

3. Al tempo t' anche la derivata dell'abbassamento rispetto al tempo raggiunge il valore massimo e quando l'abbassamento raggiunge la stazionarietà, la sua derivata rispetto al logaritmo naturale del tempo diventa una costante [Chow, 1952].

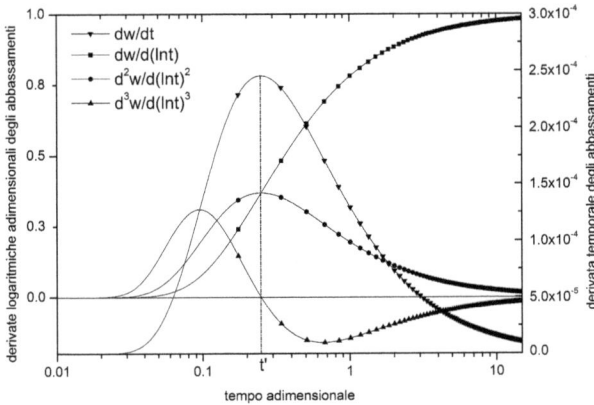

Figura 6.7: Grafico semi-logaritmico della derivata temporale adimensionale degli abbassamenti, della derivata logaritmica adimensionale prima seconda e terza rispetto al tempo adimensionale ($4tT/r^2S = 1/u$).

Il primo punto induce a riconoscere che la derivata $\frac{d^2s}{d(\ln t)^2}$ mostra un massimo locale quando $\frac{ds}{d(\ln t)}$ presenta un punto di flesso discendente (a t'), a questo punto il valore di $\frac{d^3s}{d(\ln t)^3}$, è zero, quindi:

$$\frac{d^3s}{d(\ln t)^3}\bigg|_{t'} = \frac{Q}{4\pi T}(u^2 - u)e^{-u}\bigg|_{t'} = 0 \qquad (6.37)$$

Ciò è vero se, e solo se, $u = 1$. Usando l'equazione (6.37) può essere ottenuta una soluzione esatta per il calcolo di T e S. Infatti, se il tempo t' è noto, la trasmissività T può essere ottenuta utilizzando l'equazione di Theis. Si ottiene la seguente equazione:

$$T = \frac{QW(1)}{4\pi s(t')} \qquad (6.38)$$

dove $W(1)$ rappresenta il valore della funzione pozzo W per $u = 1$ ed equivalente a 0,2194.

D'altra parte, dal secondo punto specificato in precedenza, si ha che il valore di $\frac{ds}{d(\ln t)}$ al tempo t' corrisponde al valore di $\frac{d^2 s}{d(\ln t)^2}$ allo stesso istante, e osservando le equazioni (6.34) e (6.35), è semplice notare che ciò è possibile se e solo se, l'argomento u dell'espressione di Theis è uguale all'unità. Inoltre, in questo punto la derivata dw/dt mostra un punto di massimo, e quindi deve corrispondere un valore pari a zero dell'equazione seconda $\frac{d^2 s}{dt^2}$; ciò è possibile solo se l'argomento $u|_{t'} = 1$.

Ponendo u uguale ad 1 è semplice ottenere un'equazione per il calcolo del coefficiente di immagazzinamento S:

$$S = \frac{4Tt'}{r^2} \tag{6.39}$$

È facile rendersi conto che l'equazioni (6.38) e (6.39) sono casi speciali della curva log-log del metodo di Theis. Per calcolare T e S dalle equazioni appena enunciate deve essere noto il tempo t' per il quale è nulla la derivata terza logaritmica $\frac{d^3 s}{d(\ln t)^3}$. Calcolare questa derivata logaritmica è molto difficile per le sue alte oscillazioni [Bourdet, 2002], ma dal terzo punto specificato in precedenza, si evince che il tempo t' può essere ottenuto dalla derivata prima dell'abbassamento rispetto al tempo perché a t' essa presenta un massimo. Infatti se si osservano $\frac{d^2 s}{d(\ln t)^2}$ e $\frac{ds}{dt}$, si può notare che il loro rapporto è una costante uguale a $\frac{r^2 S}{4T}$ e, quindi per quello che si evince dal primo e terzo punto, essi presentano un massimo allo stesso istante e precisamente quando $\frac{d^3 s}{d(\ln t)^3}$ è uguale a zero (Figura 6.7).

Perciò, per calcolare T ed S è sufficiente solo il calcolo della derivata prima dell'abbassamento rispetto al tempo ed inoltre non è necessario raggiungere la condizione di stazionarietà perché il valore di $s(t')$ corrisponde a uno dei primi tempi della prova di pompaggio.

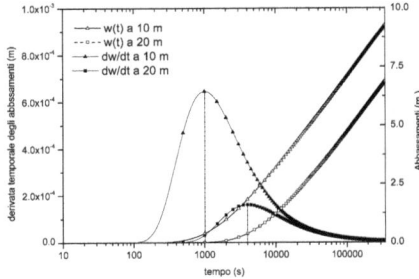

Figura 6.8: Prova di emungimento numerica. Grafico semi-logaritmico degli abbassamenti w e della derivata prima rispetto al tempo dw/dt nei due piezometri distanti rispettivamente 10 m (triangoli) e 20 m (quadrati) dal pozzo di emungimento.

6.3.2 *Verifica del metodo delle derivate degli abbassamenti iniziali*

Al fine di illustrare la validità del metodo proposto, vengono considerati due casi: una prova di emungimento sintetica ed una prova di emungimento nel campo sperimentale di Mathana, situato nella località di Haryana in India.

Prova di emungimento sintetica

La prova di emungimento sintetica è stata implementata riproducendo la geometria e le condizioni idrauliche tipiche di una prova sperimentale in un campo pozzi sperimentale [Straface, J.Yeh et al., 2007b]. In questo caso sintetico, la prova di emungimento è stata realizzata in un acquifero confinato omogeneo avente uno spessore di 44 m. Il dominio consiste in un modello a maglia uniforme, con dimensione caratteristica pari ad 1 metro. Un pozzo completamente penetrante si trova al centro del dominio da cui si emunge una portata costante di 2.7 L/s, mentre sul contorno è imposta una condizione di carico assegnato. La curva abbassamenti-tempo è stata realizzata monitorando due piezometri lontani 10 m e 20 m dal pozzo di emungimento.

Per quanto riguarda le caratteristiche di questo acquifero sintetico, si è assunto una trasmissività pari a 1.22×10^{-4} m²/s e un
coefficiente di immagazzinamento pari a 4.9×10^{-3}. La prova di
emungimento è stata simulata usando COMSOL Multiphysics, un
ambiente per la modellazione numerica agli elementi finiti [Com-
sol, 2008]. Come mostrato nel paragrafo precedente, per ottenere i
parametri T ed S utilizzando gli abbassamenti iniziali, deve essere
calcolata solo la derivata prima dell'abbassamento dw/dt. Infatti
come già visto, tali parametri idrodinamici possono essere ottenuti dalle equazioni (6.38) e (6.39), le quali richiedono la conoscenza
del tempo in cui la derivata prima presenta un massimo (t') e il corrispondente valore dell'abbassamento. Come si può evincere dalla
Figura 6.8, per il piezometro lontano 10 m dal pozzo di emungimento, il punto di massimo si ottiene dopo 1010 s e l'abbassamento corrispondente è pari a 0,3844 m. Con questi valori di t' e w(t')
si ottiene T = 1.2260×10^{-4} m²/s e S = 4.9×10^{-3}. Per il piezometro lontano 20 metri, il picco viene raggiunto dopo 4020 s e l'abbassamento corrispondente è pari a 0,3871 m. Con questi valori di
t' e w(t') si ottiene T = 1.2170×10^{-4} m²/s e S = 4.9×10^{-3}. Per
entrambe le analisi, i risultati ottenuti sono estremamente vicini ai
valori esatti assunti per l'acquifero sintetico.

Prova di emungimento in campo

Al fine di mostrare la validità del metodo proposto, a stimare i
parametri di un acquifero da una prova di emungimento in campo, sono stati esaminati i dati ottenuti dal Central Ground Water
Board [CGWB, 1982]. Tale prova di emungimento è stata effettuata
in un acquifero confinato nel sito sperimentale di Mathana, situato nella località di Haryana (India). La prova di emungimento è
stata eseguita con una portata costante pari a 31.5 L/s per circa
117 ore attraverso un pozzo completamente penetrante in un acquifero alluvionale posto tra due strati di argilla aventi spessore
rispettivamente di 24 e 50 m. I dati, relativi ai primi 150 minuti,
degli abbassamenti ottenuti monitorando un pozzo posizionato ad
una distanza di 199.8 m dal pozzo di emungimento sono riportati
da Singh [2001]. Come si può notare dalla Figura 6.9, nel pozzo di
monitoraggio situato a 199.8 m dal pozzo centrale, il massimo del-

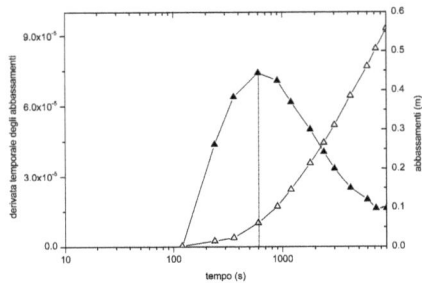

Figura 6.9: Prova di emungimento effettuata nel sito sperimentale di Mathana (India). Grafico semi-logaritmico degli abbassamenti w e della derivata prima rispetto al tempo dw/dt nel pozzo distante 199.8 m dal pozzo di emungimento.

la derivata prima dell'abbassamento viene raggiunto dopo circa 600 secondi e a questo tempo corrisponde un valore dell'abbassamento pari a circa 0.061 m. Con tali valori di t′ e w(t′) si è ottenuto $T = 9.05 \times 10^{-4}$ m^2/s e $S = 5.45 \times 10^{-3}$. I valori ottenuti con il presente metodo sono stati comparati con quelli ottenuti con i metodi classici confermando la validità del metodo proposto (Tabella 6.1).

Tabella 6.1: Confronto tra i risultati ottenuti con i metodi tradizionali e il metodo in esame al sito sperimentale di Mathana

Metodi	$T\,(10^{-4}\mathrm{m}^2/\mathrm{s})$	$S\,(10^{-3})$
Theis	9.60	5.80
Jacob–Cooper	9.50	6.20
Chow	10.1	5.80
Singh	9.80	6.05
PEB	9.05	5.45

6.3.3   Considerazioni finali sui risultati ottenuti

Riguardando la prova di emungimento numerica, è facile notare che i valori ottenuti per la trasmissività e il coefficiente di imma-

gazzinamento calcolati con il metodo in esame coincidono con i
valori esatti. Risultati simili sono ottenuti con la prova di emungimento in campo, dove si hanno delle leggere differenze, dovute
probabilmente alle approssimazioni numeriche che si commetto-
no durante il calcolo della derivata temporale dell'abbassamento
necessario al fine di individuare il tempo di picco. Infatti, è ben
noto che i metodi che utilizzano le derivate degli abbassamenti, in
particolare quelli che utilizzano derivate di ordine elevato, soffro-
no di approssimazioni dovute al calcolo numerico delle derivate,
ed in particolare quando gli abbassamenti sono misurati con una
bassa frequenza nelle vicinanze del tempo di picco.

È necessario notare che, anche se il picco della derivata prima
esiste sempre, a volte non è possibile determinarla, perché troppo
vicino all'inizio dell'emungimento. Infatti, poiché il termine u del-
l'espressione di Theis è uguale all'unità, il tempo di picco è così
determinabile:

$$t' = \frac{r^2 S}{4T}$$

È evidente che il tempo di picco è direttamente proporzionale al
quadrato della distanza fra il piezometro di osservazione e quello
di emungimento, al coefficiente di immagazzinamento e inversa-
mente proporzionale alla trasmissività. Le principali caratteristiche del metodo proposto sono che non richiede prove di pompaggio lunghe, in quanto sia T che S sono calcolati in funzione dei dati
ottenuti nei primi tempi dell'emungimento, non richiede la condizione di stazionarietà e richiede solo la valutazione dell'istante in
cui la derivata prima dell'abbassamento rispetto al tempo raggiunge il massimo. Quest'ultima proprietà è proprio la più importante
in quanto in una prova di emungimento il raggiungimento della condizione di stazionarietà comporta un grosso dispendio in
termini di costi.

6.4 SLUG TEST

Lo slug test è una prova che permette di determinare la conducibilità idraulica di un acquifero nelle immediate vicinanze del
pozzo in cui si esegue il test. Lo slug test si effettua facendo variare istantaneamente il carico idraulico nel pozzo di prova e mi-
surando il recupero del livello idrico originario nel tempo [Butler,
1998]. La prova può eseguirsi aumentando bruscamente il livello
statico oppure, al contrario, diminuendo il livello e monitorando-
ne la risalita (vedi Figura 6.10). Il termine slug tradotto in italiano
significa proiettile proprio ad indicare una alterazione rapida ed
impulsiva del carico idraulico.

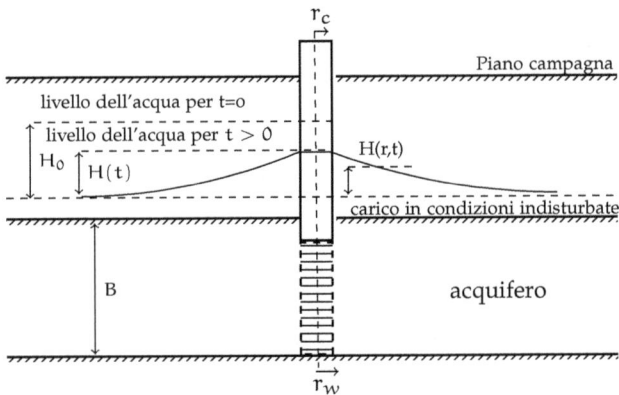

Figura 6.10: Ipotetica sezione di slug test in pozzo di monitoraggio.

Lo slug test è un approccio semplice nella pratica poiché la variazione improvvisa del livello idrico nel pozzo può essere indotta
introducendo in esso un oggetto solido, da qui il termine slug,
oppure immettendo un equivalente volume di acqua. Successivamente, come risposta alla variazione del gradiente idraulico causata dal cambiamento di carico, nel pozzo si ripristinerà il livello
statico e per avvenire ciò l'acqua tenderà ad allontanarsi dal pozzo, passando attraverso il filtro, se la prova avviene con aumento
del livello idrico; o di convergere nel pozzo, se la prova avviene
con una diminuzione del livello idrico (vedi Figura 6.11).

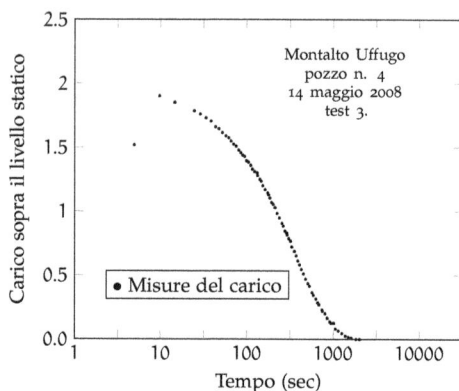

Figura 6.11: Tracciato degli abbassamenti del carico vs. il logaritmo del tempo di uno slug test eseguito nel pozzo n. 4 presso il Dipartimento di Difesa Del Suolo in Montalto Uffugo, Cosenza.

I dati di risposta raccolti nel tempo possono essere usati per valutare la conducibilità idraulica nell'acquifero in prossimità del pozzo ricorrendo all'uso di modelli teorici. In alcuni casi lo slug test può essere usato per misurare l'immagazzinamento specifico dell'acquifero. I risultati ottenuti possono servire, in caso di sospetta contaminazione delle acque sotterranee, per predire il possibile movimento del contaminante, per progettare soluzioni o per pianificare test di emungimento in più pozzi e ottenere informazioni su larga scala sull'acquifero da indagare.

I maggiori vantaggi nell'esecuzione di uno slug test sono di tipo economico e logistico. Il costo è basso. È il meno caro in termini di manodopera e di attrezzatura utilizzata. Può essere eseguito da due persone o da una usando un trasduttore di pressione che registra le variazioni di carico idraulico nel pozzo. Quindi l'attrezzatura necessaria è minima, è semplice eseguirlo ed è relativamente rapido. Infatti, la durata di uno slug test è breve anche se nelle formazioni meno permeabili può durare di più. In tali formazioni può essere utile per ottenere la conducibilità idraulica orizzontale.

L'uso del test è visto spesso con scetticismo a causa delle discrepanze osservate tra i risultati della conduttività idraulica ottenuti con questo e quelli ottenuti con altri metodi d'indagine. Una spiegazione di questa discrepanza può essere data dalla variabilità spaziale e alle differenti scale con cui questi risultati vengono ottenuti. Infatti i volumi di acquifero saturo coinvolti sono in genere molto differenti; in particolare lo slug test, effettuato in genere con variazioni abbastanza ridotte di volumi idrici, interessa una parte di acquifero indubbiamente molto inferiore rispetto a quella interessata da una prova di emungimento tradizionale. Ciò comporta che in genere l'eterogeneità della formazione sede dell'acquifero finisce per influenzare in maniera ben diversa i risultati nei due tipi di test. Tuttavia, occorre tenere ben presente che nel caso delle prove di emungimento tradizionali il volume di acquifero coinvolto varia al variare della portata di emungimento con cui viene effettuata la prova di falda. Ma anche altri fattori influenzano i risultati, come, ad esempio, lo sviluppo del pozzo che può risultare mal realizzato o danneggiato nel momento della perforazione. Per una migliore efficienza dei risultati potrebbe essere sufficiente porre una maggiore attenzione alla realizzazione dei pozzi prima e successivamente alla progettazione, realizzazione e analisi dei dati.

I dati registrati (solitamente con un trasduttore di pressione) durante l'esecuzione di uno slug test, prima di poter essere utilizzati per stimare le proprietà idrauliche di una formazione, devono essere opportunamente elaborati. Le due principali attività nel processo di pre-analisi sono: i) la stima dello spostamento iniziale (H_0), ovvero l'incremento di carico che si registra immediatamente dopo l'immissione dello slug nel pozzo e ii) la conversione delle misure in dati di risposta normalizzati dati dal rapporto tra le variazioni di carico misurate nel tempo e lo spostamento del carico iniziale ($H(t)/H_0$). A seconda del tipo di acquifero, confinato oppure no, l'interpretazione dello slug test è differente.

6.4.1 Slug test in acquiferi confinati

L'obiettivo di uno slug test è la stima della conducibilità idraulica e, in alcuni casi, dell'immagazzinamento specifico in prossimità del pozzo.

Tabella 6.2: Metodi d'interpretazione degli slug test in relazione alla tipologia dell'acquifero e del pozzo.

Tipologia di Acquifero	Tipologia di pozzo	Metodi
Falda confinata	Pozzo completamente penetrante	Cooper et al.
		Hvorslev
		Peres et al.
	Pozzo parzialmente penetrante	Cooper et al.
		Hvorslev
		Dagan
		Modello KGS
		Peres et al.
Falda non confinata	Pozzo con linea d'acqua sopra il filtro	Bouwer and Rice
		Dagan
		Modello KGS
	Pozzo con linea d'acqua intersecante il filtro	Bouwer and Rice
		Dagan

Ogni metodo di analisi che sarà di seguito descritto si basa su particolari assunzioni inerenti alla configurazione del pozzo e della formazione idrogeologica in cui si esegue il test.

Nelle figure che seguono (Figura 6.12a e Figura 6.12b) vengono rappresentati i contesti in cui si ci può trovare a lavorare, (A) caso di pozzo completamente penetrante e (B) caso di pozzo parzialmente penetrante.

In entrambi i casi le stratificazioni che delimitano lo spessore della formazione sono assunte impermeabili. I metodi si distinguono in base alla lunghezza del tratto filtrante del pozzo relativamente allo spessore della formazione. Un pozzo con il filtro che attraversa l'intero spessore della formazione è detto completamente penetrante, altrimenti è detto parzialmente penetrante.

In Tabella 6.2 sono riassunti i vari casi di classificazione possibili e i metodi di analisi da utilizzare per ciascuno di essi.

Pozzi completamente penetranti

La maggioranza degli slug test eseguiti in pozzi completamente penetranti in formazioni confinate vengono analizzati con il metodo di Hilton et al. [1967] o quello di Hvorslev [1951]. Più di recente è stata proposta una nuova tecnica, l'approssimazione di Peres et al. [1989], che ha delle buone potenzialità per test eseguiti in queste configurazioni. Lo schema a cui si fa riferimento è quello di Figura 6.12a e il metodo descritto è quello proposto da Hvorslev [1951].

Tale metodo è basato su un modello definito come segue:

$$\frac{\partial^2 h}{\partial r^2} + \frac{1}{r}\frac{\partial h}{\partial r} = 0$$

Il secondo membro è pari a zero perché si ritiene trascurabile l'immagazzinamento specifico. Le condizioni al contorno sono le seguenti:

$$H(0) = H_0$$

$$H(R_e, t) = 0 \qquad \text{per} \qquad t > 0$$

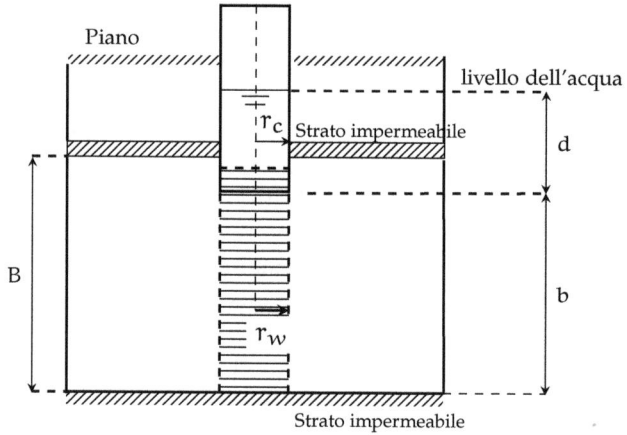

(a) Ipotetica sezione di pozzo completamente penetrante.

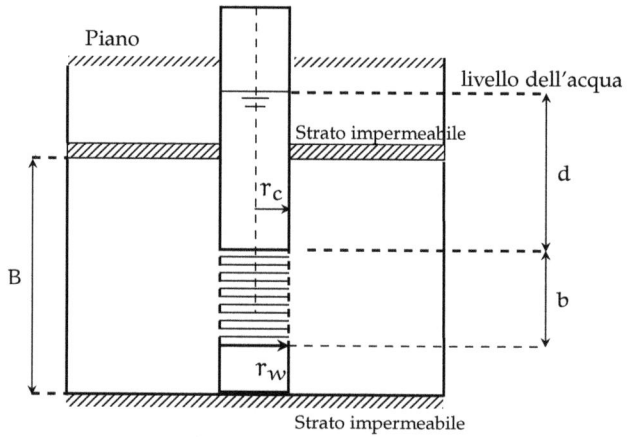

(b) Ipotetica sezione di pozzo parzialmente penetrante.

Figura 6.12: Sezione di pozzo

$$H(r_w, t) = H(t) \qquad \text{per} \qquad t > 0$$

$$2\pi r_w K_r B \frac{\partial h(r_w, t)}{\partial r} = \pi r_c^2 \frac{dH(t)}{dt} \qquad \text{per} \qquad t > 0$$

dove R_e è il raggio effettivo dello slug test, [L], r la direzione generica nella direzione radiale, [L]; K_r la conducibilità idraulica orizontale della formazione, [L/T]; t il tempo totale dall'inizio del test, [T]; H il carico idraulico nel pozzo testato, [L]; H_0 il valore dello spostamento iniziale determinato immediatamente dopo l'inizio del test, [L]; r_w il raggio effettivo del tratto filtrante del pozzo (*well screen*), [L]; r_c il raggio effettivo del pozzo (*well casing*), [L] B lo spessore della formazione, [L].

La soluzione analitica al modello matematico definito da Hvorslev può scriversi nel modo seguente suggerito da Chirlin [1989]:

$$\ln \frac{H(t)}{H_0} = - \frac{2K_r B t}{r_c^2 \ln (R_e / r_w)}$$

Un'importante caratteristica di tale equazione è che il tracciato del carico normalizzato in forma logaritmica di questa soluzione rispetto al tempo è una linea retta. Il metodo di Hvorslev consiste nel calcolare la pendenza della linea retta e di usare tale valore per la stima della componente radiale della conducibilità idraulica, ovvero:

1. Si traccia il grafico dei logaritmi naturali di $H(t)/H_0$ rispetto al tempo;

2. Si determina la retta di regressione dei punti ottenuti;

3. Si calcola la pendenza della retta interpolante. Un metodo molto comune per conoscere la pendenza è di stimare il tempo corrispondente ad un carico normalizzato di 0,368 (il cui logaritmo naturale è − 1). Questo tempo viene indicato con T_0 ed è definito nella terminologia di Hvorslev come il ritardo del tempo base. Il termine del carico logaritmico e il tempo sono entrambi uguale a zero all'inizio del test. La pendenza determinata in questo modo è data dal rapporto $-\ln(0.368)/T_0$ che diventa $1/T_0$;

4. Si stima la componente radiale della conduttività idraulica scrivendo l'equazione di Hvorslev come:

$$K_r = \frac{r_c^2 \ln (R_e/r_w)}{2BT_0}$$

dove T_0 è il tempo corrispondente al carico normalizzato di 0,368 (comunemente approssimato a 0,37), [T].

Il raggio effettivo R_e può essere stimato o attraverso l'analisi delle misure fatte sui piezometri intorno al pozzo o attraverso delle formule empiriche (Bouwer e Rice, 1976).

Pozzi parzialmente penetranti

Gli slug test eseguiti in pozzi parzialmente penetranti in formazioni confinate possono essere analizzati con uno dei quattro metodi: metodo di Hvorslev [1951], metodo di Hilton et al. [1967], estensioni confinate del metodo di Dagan [1978] e modello KGS (Hyder et al. [1994]) e i relativi approcci. Il metodo approssimativo di deconvoluzione di Peres et al. [1989] sebbene proposto per test in pozzi completamente penetranti ha considerevoli potenzialità d'uso anche in pozzi parzialmente penetranti, seguendo il metodo proposto da Hvorslev [1951].

Tale metodo, proposto per slug test in pozzi parzialmente penetranti, è basato sul seguente modello matematico:

$$\frac{\partial^2 h}{\partial r^2} + \frac{1}{r}\frac{\partial h}{\partial r} + \frac{K_v}{K_r}\frac{\partial^2 h}{\partial z^2} = 0$$

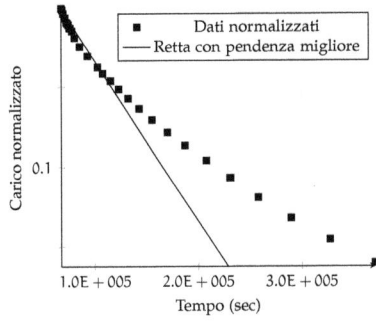

(a)

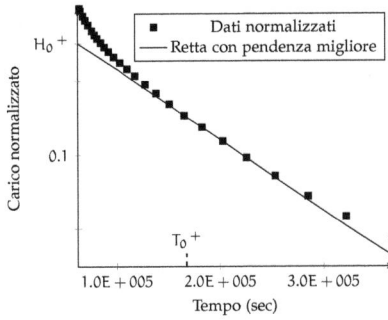

(b)

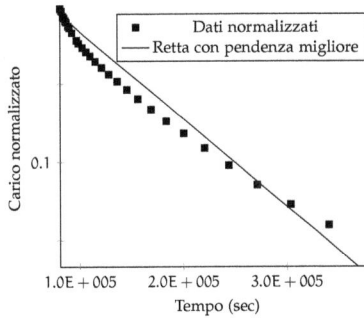

(c)

Figura 6.13: Tre possibili modalità di interpolazione del logaritmo del carico normalizzato $(H(t)/H_0)$ rispetto al tempo [da Butler, 1998].

Le condizioni al contorno sono le seguenti:

$$H(0) = H_0$$

$$h(\infty, z, t) = h(r, \pm\infty, t) = 0 \quad \text{per} \quad t > 0$$

$$h(r_w, z, t) = H(t) \quad \text{per} \quad d \leqslant z \leqslant (d+b) \quad \text{e per} \quad t > 0$$

$$2\pi r_w K_r \int_d^{d+b} \frac{\partial h(r_w, z, t)}{\partial r} = \pi r_c^2 \frac{dH(t)}{dt} \quad \text{per} \quad t > 0$$

$$\frac{\partial h(r_w, z, t)}{\partial r} = 0 \quad \text{per} \quad \begin{cases} -\infty < z < d; \\ d+b < z < \infty; \\ t > 0 \end{cases}$$

dove K_v è la componente verticale della conducibilità idraulica, [L/T]; d la posizione di z della parte superiore del filtro (abbassamento in direzione positiva), [L]; z la direzione verticale, [L] e b la lunghezza effettiva del filtro, [L].

Alle precedenti equazioni matematiche, Hvorslev propone la seguente soluzione analitica approssimata:

$$\ln\left(\frac{H(t)}{H_0}\right) = -\frac{2K_r bt}{r_c^2 \ln\left[\frac{1}{2\psi} + \left(1 + \left(\frac{1}{\psi}\right)^2\right)^{\frac{1}{2}}\right]}$$

con $\psi = \sqrt{\frac{K_v r^2}{K_r b^2}}$. Come viene mostrato in questa equazione, l'andamento del logaritmo del carico normalizzato rispetto al tempo è una linea retta. Quindi, come per i pozzi completamente penetranti, il metodo di Hvorslev comporta il calcolo della pendenza della linea retta adattata ai dati di risposta e l'utilizzo di questo valore per la stima della componente radiale della conducibilità idraulica, ovvero:

1. si costruisce il grafico dei logaritmi dei carichi normalizzati rispetto al tempo;

2. si determina la retta di interpolazione dei dati;

3. viene calcolata la pendenza della linea adattata. La pendenza scritta in termini di logaritmi naturali diventa $-\frac{1}{T_0}$;

4. si ottiene una stima del parametro ψ per la particolare condizione di pozzo-formazione. In molti casi si usa 1 come valore del rapporto di anisotropia fra le permeabilità;

5. la componente radiale della conducibilità idraulica viene stimata utilizzando l'equazione precedente in termini di pendenza, usando T_0:

$$K_r = \frac{r_c^2 \ln \left[\dfrac{1}{2\psi} + \left(1 + \left(\dfrac{1}{\psi} \right)^2 \right)^{\frac{1}{2}} \right]}{2bT_0}$$

6.4.2 Slug test in acquiferi non confinati

Le più comuni applicazioni di slug test avvengono in pozzi poco profondi in acquiferi freatici contaminati. Per poter procedere all'analisi dei dati è indispensabile analizzare la tipologia del pozzo d'indagine. I metodi sono classificati principalmente in base alla posizione del livello dell'acqua, ossia se questo interseca il tratto filtrante (o filtro) o se non lo interseca (Figura 6.14a e Figura 6.14b).

Se il pozzo è del tipo rappresentato in Figura 6.14a, cioè se il livello dell'acqua è sopra la zona filtrante, allora il cambiamento nella formazione satura durante un test è di solito molto piccolo e fisicamente può essere rappresentato con un modello matematico lineare. Se, invece, la zona filtrante è intersecata dal livello d'acqua (Figura 6.14b), allora un modello matematico non lineare potrebbe essere il più corretto da assimilare a questa rappresentazione fisica.

Pozzo con livello dell'acqua sopra il tratto filtrante.

Nelle indagini idrogeologiche, la maggior parte degli slug test che sono eseguiti in formazioni non confinate in pozzi con livello dell'acqua sopra il tratto filtrante, sono analizzati con le tecniche seguenti: Metodo di Bouwer e Rice [1976], Metodo di Dagan

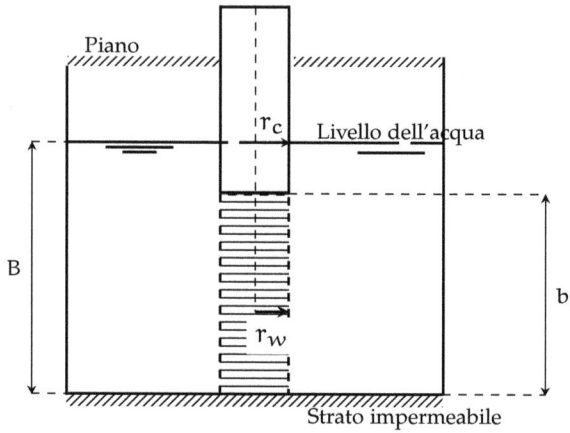

(a) Sezione ipotetica di pozzo con livello d'acqua sopra il tratto filtrante.

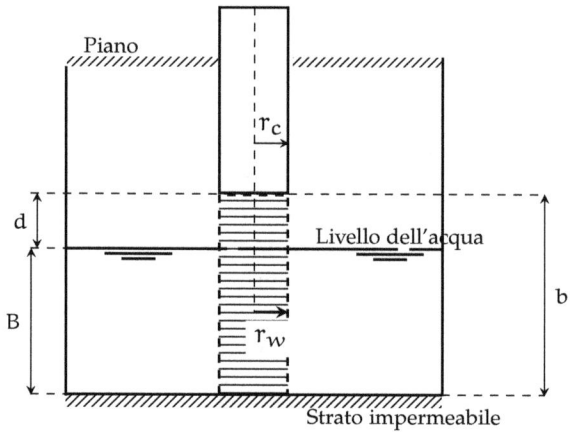

(b) Sezione ipotetica di pozzo con livello d'acqua che taglia la parte filtrante.

Figura 6.14: Sezione ipotetica di pozzo

[1978], Modello KGS di Hyder et al. [1994]. Fra questi si illustra il metodo proposto da Bouwer e Rice [1976].

Il metodo di Bouwer e Rice è basato sul modello matematico descritto in seguito:

$$\frac{\partial^2 h}{\partial r^2} + \frac{1}{r}\frac{\partial h}{\partial r} + \frac{K_v}{K_r}\frac{\partial^2 h}{\partial z^2} = 0$$

con le seguenti condizioni al contorno:

$$H(0) = H_0$$

$$H(r, 0, t) = 0 \qquad \text{per} \quad r_w < r < R_e \quad \text{e} \quad t > 0$$

$$\frac{\partial h(r, B, t)}{\partial z} = 0 \qquad \text{per} \quad r_w < r < R_e \quad \text{e} \quad t > 0$$

$$H(R_e, z, t) = 0 \qquad \text{per} \quad 0 \leqslant z \leqslant B \quad \text{e} \quad t > 0$$

$$H(r_w, z, t) = H(t) \qquad \text{per} \quad d \leqslant z \leqslant (d + b) \quad \text{e} \quad t > 0$$

$$2\pi r_w K_r \int_d^{d+b} \frac{\partial h(r_w, z, t)}{\partial r}\, dz = \pi r_c^2 \frac{dH(t)}{dt} \qquad \text{per} \quad t > 0$$

$$\frac{\partial h(r_w, z, t)}{\partial r} = 0 \quad 0 \leqslant z \leqslant B \quad \text{per } t > 0$$

dove r_c è il raggio effettivo del pozzo (*well casing*), [L]; d la distanza in direzione verticale dall'estremo superiore del tratto filtrante (*screen*) al livello dell'acqua in formazioni non confinate, [L]; b la lunghezza del tratto filtrante (*screen length*), [L] e B lo spessore della formazione satura, [L].

Due sono le assunzioni chiave del modello matematico: 1) immagazzinamento trascurabile e 2) spessore saturo della formazione costante durante il corso del test.

Sebbene il modello matematico originale definito da Bouwer e Rice riguardava le formazioni isotrope, l'estensione proposta da Zlotnik [1994] viene considerata per il caso generale anisotropo.

La soluzione del modello matematico proposto e precedentemente citato, può scriversi come:

$$\ln\left(\frac{H(t)}{H_0}\right) = -\frac{2K_r bt}{r_c^2 \ln(R_e/r_w^*)}$$

dove:

$$r_w^* = r_w \sqrt{\frac{K_v}{K_r}}$$

Il tracciato del logaritmo del carico normalizzato rispetto al tempo può essere interpretato tramite una linea retta. Quindi il metodo di Bouwer e Rice consiste nel calcolare la pendenza della linea retta adattata ai dati raccolti durante la prova e di usare i dati per il calcolo della conducibilità idraulica nella formazione, ovvero:

1. Dall'inizio del test si raccolgono i dati di risposta e si traccia il logaritmo di questi dati normalizzati rispetto al tempo;

2. Si adatta al tracciato dei dati di risposta una linea retta;

3. Si calcola la pendenza della linea interpolante. Se è usato nei calcoli il tempo (T_0) allora la pendenza, scritta in termini di logaritmi naturali, sarà $-1/T_0$;

4. Si stimano, per la particolare formazione e configurazione del pozzo in esame, i valori del rapporto della anisotropia e del parametro del raggio effettivo R_e;

5. Si stima la componente radiale della conducibilità idraulica attraverso la seguente relazione:

$$K_r = \frac{r_c^2 \ln[R_e/r_w^*]}{2bT_0}$$

Pozzo con livello dell'acqua che attraversa il tratto filtrante

La maggioranza dei test eseguiti in pozzi con il tratto filtrante intersecato dalla linea d'acqua viene analizzato con il metodo di Bouwer e Rice, anche se questo metodo è stato sviluppato per pozzi con il livello dell'acqua sopra il tratto filtrante. Lo schema di riferimento è quello della (Figura 6.14b).

Il metodo di Bouwer e Rice [1976] si basa sulle equazioni già viste in precedenza. I passi da seguire nel caso di pozzo con linea d'acqua che attraversa il tratto filtrante sono gli stessi del caso precedente. I coefficienti empirici usati in questo metodo vengono

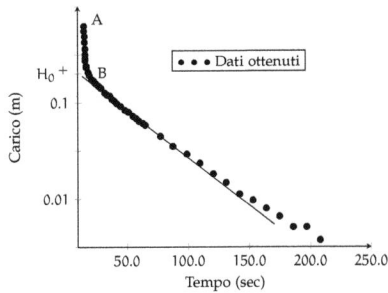

Figura 6.15: Tracciato del logaritmo del carico rispetto al tempo con concavità verso l'alto. Rappresentazione di A, B, C.

sviluppati per slug test in cui la lunghezza del tratto finestrato non varia durante il test e nel caso in cui H_0 sia relativamente piccolo rispetto all'effettiva lunghezza del tratto filtrante in condizioni statiche (<25% rispetta la definizione di piccolo). Non di rado i dati di risposta di slug test eseguiti in pozzi con linea d'acqua che taglia il tratto filtrante, se tracciati come logaritmo del carico rispetto al tempo, si presentano con una curvatura concava verso l'alto, specialmente in pozzi con pacco filtro artificiale in formazioni con conduttività idraulica moderatamente bassa. Segue una risposta più lenta regolata dalla conduttività idraulica della formazione (rappresentato graficamente dal tratto B-C della Figura 6.15).

Bouwer suggerisce di notare certi comportamenti solo quando la linea d'acqua interseca il filtro, perché questo è considerato più permeabile della formazione. In questa circostanza Bouwer consiglia di modificare il metodo di Bouwer e Rice usando una pendenza ottenuta dalla linea retta adattata al secondo tratto dei dati, ovvero al tratto B-C in Figura 6.15, ed un raggio effettivo del rivestimento (r_c) (*effective casing radius*) dato dalla formula seguente:

$$r_c = [r_{nc}^2 + n(r_w^2 - r_{nc}^2)]^{0,5}$$

dove n è la porosità del drenaggio del filtro, [adimensionale]; r_{nc}

il raggio nominale del filtro del pozzo.

7

APPROCCIO GEOSTATISTICO IN IDROLOGIA SOTTERRANEA

7.1 INTRODUZIONE

Il problema della conoscenza della distribuzione spaziale dei parametri idrogeologici di un acquifero si pone sempre come un problema formulabile nel modo seguente: data una serie di misure sperimentali di un parametro in alcuni punti dell'acquifero ricostruire l'intera distribuzione spaziale del parametro nell'acquifero stesso. Vari metodi e procedimenti di interpolazione sono disponibili in letteratura; l'inverso della distanza, il metodo dei poligoni di Thiessen, l'interpolazione polinomiale e quella dei minimi quadrati, sono esempi di tecniche di interpolazione automatizzabili e oggettive. Applicate diffusamente in molti campi, queste tecniche evidenziano, tuttavia, importanti punti deboli nell'applicazione all'idrologia sotterranea: 1) nessuna di esse effettua una preliminare analisi della variabilità spaziale della grandezza da stimare e 2) nessuna di esse fornisce indicazioni sull'errore di stima che inevitabilmente si commette nell'interpolazione. In poche parole nessuna delle tecniche d'interpolazione appena menzionate si confronta con i caratteri pregnanti dell'incertezza che costituisce una peculiarità dello studio delle acque sotterranee.

Nata dagli studi di Matheron ed il suo gruppo negli anni Sessanta all'École de Mines di Fontainebleau, [Matheron, 1970], la geostatistica è apparsa subito la disciplina in grado di fornire risposte appropriate a questi problemi. Esistono almeno due possibili approcci allo studio della geostatistica. Secondo il primo approccio è indispensabile partire dalla teoria delle funzioni aleatorie per far discendere da essa quello che è l'algoritmo geostatistico di base di stima: il kriging universale (o *krigage universale*, se si vuole rendere merito a Matheron e al suo gruppo). I fautori del secondo approccio, al contrario, sostengono che il kriging può essere definito ed implementato senza alcun accenno al suo *pedigree probabilistico* e che la geostatistica nient'altro è che un congiunto di strumenti per l'analisi di dati spazialmente distribuiti e la ricerca per essi di un appropriato modello di continuità spaziale.

Qualunque sia il punto di vista sul migliore approccio allo studio della geostatistica, è indubbio che, ai fini della risoluzione del problema di identificazione parametrica delle acque sotterranee, la geostatistica consente di: 1) analizzare la struttura spaziale di un parametro idrogeologico all'interno di un dominio prefissato sulla base dei dati sperimentali disponibili per esso; 2) adottare un appropriato modello (probabilistico) rappresentativo dei caratteri di variabilità o continuità spaziale del parametro idrogeologico all'interno del dominio prefissato; 3) effettuare la stima sistematica del parametro idrogeologico all'interno del dominio prefissato, tenendo conto dell'eventuale *ridondanza informativa* dei dati ed infine 4) valutare l'attendibilità delle stime ottenute.

I suddetti concetti diverranno più chiari man mano che si illustreranno le principali nozioni di teoria delle funzioni aleatorie, mantenendo sempre però elevata l'attenzione verso le finalità pratiche della applicazione della geostatistica alle acque sotterranee. In particolare dobbiamo già da ora sottolineare che una attenta valutazione di carattere meramente idrogeologico sulla natura dei dati rimane requisito fondamentale per una efficace applicazione della geostatistica alle acque sotterranee.

Nei paragrafi che seguono, verranno illustrati le fasi e le caratteristiche del metodo geostatistico, non prima di avere riportato alcuni concetti e definizioni alla base della geostatistica. Nella parte finale saranno descritte alcune delle metodologie geostatistiche più comunemente usate, per ottenere il valore dei parametri idrodinamici di interesse, attraverso l'informazione congiunta di dati riguardanti altre grandezze.

7.1.1   *Continuità spaziale*

Nella maggior parte dei set di osservazioni relativi alle scienze della terra si nota una variabilità spaziale, in generale, non caotica. Ad esempio, valori di permeabilità, K campionati in due punti vicini tra loro, avranno una probabilità maggiore di essere simili rispetto a quelli campionati in punti lontani. Quando si osserva una rappresentazione a curve di livello, i valori non appaiono casualmente distribuiti ma, piuttosto, i valori piccoli tendono ad essere vicini a valori piccoli e, viceversa, valori grandi tendono ad essere vicini a valori grandi. Nella maggior parte dei casi, la presenza di un valore alto nei pressi di valori molto piccoli, o viceversa, deve insospettire. Esiste quindi una continuità spaziale dei dati campionati che presume una qualche forma di correlazione nella distribuzione di parametri spazialmente variabili.

Le grandezze come la permeabilità K nella terminologia geostatistica sono chiamate Variabili Regionalizzate [VR] [Matheron, 1970] per far capire che si tratta di variabili associate ad un fenomeno che si sviluppa nello spazio in modo non del tutto casuale, ma in accordo ad una qualche legge spaziale che certamente muterà a seconda della variabile esaminata e del dominio spaziale. La teoria delle variabili regionalizzate congiuntamente a concetti statistici, fino a pochi decenni addietro ritenuti reconditi, hanno dato luce alla geostatistica: disciplina che studia le auto e mutue correlazioni spaziali delle VR. Essa consente, dunque, di estrarre da una campagna di osservazioni, il comportamento della loro struttura in accordo a dei modelli che, in un secondo momento, verranno adoperati da particolari strumenti in grado, ad esempio, di fornire il valore più plausibile del parametro in esame in punti in cui non sono disponibili misure.

Una procedura geostatistica, nell'analisi dei dati sperimentali, non si attiene allo schema classico dell'inferenza statistica: ipotesi sulla distribuzione di probabilità – stima dei parametri – test di validità dell'ipotesi. Infatti, per la soluzione di problemi di stima di una VR, le tecniche geostatistiche più diffuse sono quelle lineari, basate non sull'inferenza della completa funzione di distribuzione di probabilità congiunta, ma sui momenti statistici del primo e del secondo ordine; in particolare si analizzerà il ruolo svolto dal variogramma per caratterizzare la struttura spaziale dei parametri idrodinamici in studio.

7.1.2 Nozioni di supporto all'analisi geostatistica

Di seguito si riportano delle nozioni che sono alla base dell'analisi geostatistica:

VARIABILE ALEATORIA Tale variabile, definita come $Z(\xi)$, assume i valori generati in modo random in accordo a una qualche funzione di densità di probabilità $f(Z(\xi))$ o alla corrispondente legge di probabilità cumulata $F(Z(\xi))$.

VARIABILE REGIONALIZZATA È rappresentativa di un fenomeno che ha carattere spaziale. Se indichiamo, sinteticamente, con x_0 la posizione di un punto generico nello spazio all'interno del campo di studio, il particolare valore $Z(x_0)$ assunto dalla variabile in esame è considerato essere una realizzazione di una variabile aleatoria [VA] $Z(x_0, \xi)$. Pertanto, si può dire che una variabile regionalizzata è una variabile aleatoria che ha carattere spaziale, mentre una variabile aleatoria non è necessariamente una variabile regionalizzata (*i.e.* il lancio di un dado, di una moneta, ...).

FUNZIONE ALEATORIA L'insieme delle VR definite sul dominio D, rappresentano una funzione aleatoria $Z(x, \xi)$. Se una VR è caratterizzata da una distribuzione di probabilità cumulata $F_x(Z)$, allora, una FA, che è l'insieme di k VR, è caratterizzata da una distribuzione di probabilità congiunta e tiene conto della variabilità simultanea di $Z(x_1), Z(x_2), \ldots, Z(x_k)$. Considerato un insieme di k punti $x_1, x_2, \ldots, x_k$ nel dominio della funzione aleatoria FA $Z(x, \xi)$, ad essi corrisponde una FA a k componenti:

$$Z(x_1), Z(x_2), \ldots, Z(x_k)$$

caratterizzata dalla funzione di distribuzione k-variata

$$F_{x_1 x_2 \ldots x_k}(z_1, z_2, \ldots, z_k) =$$
$$prob\{Z(x_1) < z_1, Z(x_2) < z_2, \ldots, Z(x_k) < z_k\}$$

l'insieme dei valori assunti dalla VR $Z(x)$ in D, è considerata essere una realizzazione della FA $Z(x, \xi_1)$.

LEGGE SPAZIALE Esprime la correlazione spaziale della FA $Z(x)$ nel campo D. È definita come l'insieme delle funzioni di distribuzione di probabilità congiunta di $Z(x)$, per tutti gli interi positivi k e per ogni possibile combinazione di punti x.[1]

MOMENTO STATISTICO DEL $1°$ ORDINE O VALORE ATTESO

$$E[Z(x)] = m(x) \qquad (7.1)$$

dove $Z(x)$ rappresenta la variabile regionalizzata definita nel punto $x \in D$. L'operatore $E[\,]$, indica la media o l'insieme dei valori medi. Pertanto il momento del primo ordine $Z(x)$ è la media di tutte le sue possibili realizzazioni e se esiste è funzione di x.

MOMENTI STATISTICI DEL $2°$ ORDINE Nelle tecniche di stime lineari si considerano: la *varianza*, che misura la variabilità di $Z(x)$ intorno al suo valore atteso $m(x)$, funzione della posizione x

$$
\begin{aligned}
Var[Z(x)] &= E\left[\left(Z(x) - m(x)\right)^2\right] \\
&= E\left[Z(x)^2\right] - 2E\left[Z(x)\right] \cdot m(x) + m(x)^2 \quad (7.2) \\
&= E\left[Z(x)^2\right] - m(x)^2
\end{aligned}
$$

la *covarianza*, che misura la variabilità congiunta di due VR $Z(x_1)$, $Z(x_2)$ intorno ai rispettivi valori attesi $m(x_1)$, $m(x_2)$, funzioni delle posizioni x_1 e x_2

$$
\begin{aligned}
Cov(x_1, x_2) &= E\left[\left(Z(x_1) - m(x_1)\right)\left(Z(x_2) - m(x_2)\right)\right] \\
&= E\left[Z(x_1) \cdot Z(x_2)\right] - E\left[Z(x_1)\right] \cdot m(x_2) + \\
&\quad - E\left[Z(x_2)\right] \cdot m(x_1) + m(x_1) \cdot m(x_2) \qquad (7.3) \\
&= E\left[Z(x_1) \cdot Z(x_2)\right] - m(x_1) \cdot m(x_2)
\end{aligned}
$$

---

1 per semplicità di notazione, successivamente, quando si scriverà $Z(x)$ è da intendere $Z(x, \xi)$.

il *semivariogramma*[2] definito come la metà della varianza dell'incremento $[Z(x_1) - Z(x_2)]$

$$\gamma(x_1, x_2) = \frac{1}{2} Var\left[Z(x_1) - Z(x_2)\right]$$
$$= \frac{1}{2} E\left[(Z(x_1) - Z(x_2))^2\right] - \frac{1}{2}\left\{E\left[Z(x_1) - Z(x_2)\right]\right\}^2$$
$$= \frac{1}{2} E\left[(Z(x_1) - Z(x_2))^2\right] \quad \text{se} \quad E\left[Z(x_1) - Z(x_2)\right] = 0$$

$$(7.4)$$

La covarianza e il variogramma sono entrambi momenti bivariati di $Z(x)$, poiché caratterizzano la variabilità congiunta nello spazio della coppia $[Z(x), Z(x + h)]$, essendo h un generico vettore di separazione. La covarianza è un indicatore della continuità spaziale: maggiore è la covarianza, minore sarà la differenza (in media) tra i valori di ogni coppia $[z(x_0), z(x_0 + h)]$. Il variogramma, invece, misura la variabilità spaziale: all'aumentare di esso, la differenza (in media) tra i valori di ogni coppia $[z(x_0), z(x_0 + h)]$ sarà maggiore.

SCALA DI CORRELAZIONE Rappresenta la lunghezza caratteristica detta anche distanza di separazione (λ) al di là della quale la correlazione fra i valori $Z(x)$ esaminati non è considerata significativa o addirittura assume valore nullo. In termini di covarianza tale situazione si indica con $Cov(h) = 0$, dove h rappresenta la distanza di separazione tra i punti considerati. In termini di variogramma, vuol dire che $\gamma(h)$ perviene ad un valore soglia pari alla varianza a priori $Cov(0)$ di $Z(x)$. La distanza alla quale $Cov(h)$ si annulla individua, appunto, la scala di correlazione del fenomeno in esame.

VARIANZA ESTIMATIVA Stimando, la variabile $Z(x)$ nei punti dove non esistono osservazioni, utilizzando le misure disponibili, si compie certamente un errore pari a $Z^*(x) - Z(x)$: errore di stima. La varianza di questo errore è chiamata varianza estimativa, o varianza della stima, da non confondere con

---

2 In seguito, per semplicità di esposizione, il termine semivariogramma sarà sostituito con variogramma

la $Var[Z(x)]$ che generalmente prende il nome di varianza dispersiva.

7.1.3 *Assunzioni basilari*

La fase più importante e delicata dell'approccio geostatistico, nella stima della distribuzione spaziale di una VR, è sicuramente l'individuazione della legge di distribuzione spaziale di tali varabili. Cioè, descrivere attraverso un modello probabilistico la correlazione fra i valori assunti dalla variabile in diversi punti del dominio D. Il raggiungimento di tale obbiettivo richiede l'analisi esplorativa dei dati, mediante la quale si ottengono informazioni sulla media, sulla varianza campionaria e sul tipo di distribuzione di probabilità della popolazione e richiede l'analisi strutturale con la quale, attraverso il variogramma, si individua la struttura spaziale della variabile campionata.

Il modo più corretto per ottenere il comportamento spaziale del parametro in esame, sarebbe quello di utilizzare la sua funzione di distribuzione di probabilità congiunta. Purtroppo nella realtà una simile funzione è impossibile da conoscere, in quanto la sua determinazione richiederebbe la conoscenza di tutte le possibili realizzazioni. Al contrario, a nostra disposizione, abbiamo un'unica realizzazione, relativa al dominio della formazione naturale considerata, e per di più in un numero limitato di punti. Pertanto, per superare tali impedimenti, ed identificare dall'unica realizzazione esistente le statistiche dell'insieme, dobbiamo fare alcune assunzioni:

STAZIONARIETÀ: Proprietà statistica di un processo stocastico a rimanere stazionario o costante nello spazio. Una più precisa definizione di stazionarietà può essere fornita da:

Il processo, $Z(x)$, dicesi strettamente stazionario se, per qualsiasi insieme di punti $x_1, x_2, \ldots, x_n$ e qualsiasi distanza di separazione h, la distribuzione di probabilità congiunta di $\{Z(x_1), Z(x_2), \ldots, Z(x_n)\}$ è identica con la distribuzione di probabilità congiunta di $\{Z(x_1 + h), Z(x_2 + h), \ldots, Z(x_n + h)\}$.

La stazionarietà *strictu sensu* è un'assunzione molto forte ed esiste raramente nella maggior parte dei processi naturali. Per attenuare tale ipotesi si è introdotto il concetto di processo di stazionarietà del secondo ordine.

STAZIONARIETÀ DEL 2° ORDINE: Un processo $Z(x)$, si dice avere una stazionarietà di secondo ordine se i primi due momenti statistici sono invarianti rispetto allo spazio, ovvero se:

1. Il valore atteso $E[Z(x)]$ esiste e non dipende dalla posizione x

$$E[Z(x)] = m, \qquad \forall x \in D \tag{7.5}$$

2. Per ogni coppia $[Z(x), Z(x+h)]$ la covarianza esiste e dipende solo dal vettore di separazione h,

$$Cov(x, x+h) = Cov(h) = E[Z(x+h) \cdot Z(x)] - m^2 \qquad \forall x \in D \tag{7.6}$$

L'esistenza della funzione covarianza implica che per $|h| \to 0$ il valore della covarianza $Cov(0)$ esiste ed ha un valore finito, coincidente con la varianza di $Z(x)$ (varianza a priori), che ugualmente è invariante per traslazione:

$$Cov(x, x+h) = E[Z(x) \cdot Z(x)] - m^2 =$$
$$= Cov(0) \ \forall x \in D, |h| \to 0 \tag{7.7}$$

La stazionarietà della covarianza implica, per conseguenza, anche la stazionarietà del variogramma:

$$\gamma(h) = \frac{1}{2}E\left[\left(Z(x) - Z(x+h)\right)^2\right]$$

$$= \frac{1}{2}E\left[\left(Z(x)\right)^2\right] + \frac{1}{2}E\left[\left(Z(x+h)\right)^2\right] - E\left[Z(x)Z(x+h)\right]$$

$$= \frac{1}{2}E\left[\left(Z(x)\right)^2\right] + \frac{1}{2}E\left[\left(Z(x+h)\right)^2\right] - E\left[Z(x)Z(x+h)\right] +$$
$$\quad - m^2 + m^2$$

$$= \frac{1}{2}\left\{E\left[\left(Z(x)\right)^2\right] - m^2\right\} + \frac{1}{2}\left\{E\left[\left(Z(x+h)\right)^2\right] - m^2\right\} +$$
$$\quad - E\left[Z(x)Z(x+h)\right] + m^2$$

$$= \frac{1}{2}\text{Cov}(0) + \frac{1}{2}\text{Cov}(0) - \text{Cov}(h)$$

$$= \text{Cov}(0) - \text{Cov}(h)$$

$$\text{(7.8)}$$

Tale relazione indica che, se Z è un processo stazionario di secondo ordine, il variogramma è correlato con la funzione covarianza. In questo caso, infatti, il variogramma è un immagine specchiata della covarianza.

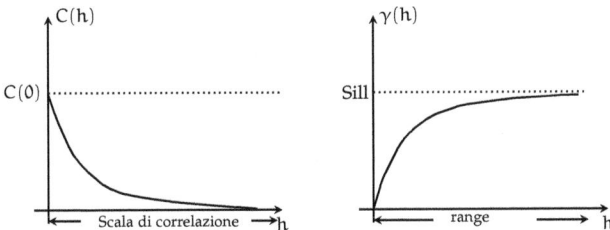

Figura 7.1: Covarianza e variogramma

IPOTESI INTRINSECA: È meno forte rispetto all'ipotesi di stazionarietà del secondo ordine. Riguarda fenomeni caratterizzati da VR che non hanno una varianza finita, possiedono cioè una infinita capacità di dispersione nello spazio ma che nonostante ciò, la varianza degli incrementi del $1°$ ordine di $Z(x)$ è finita e tali incrementi godono a loro volta della stazionarietà di $2°$ ordine. Una FA $Z(x)$ si dice soddisfi l'ipotesi intrinseca se [Kitanidis, 1997]:

1. Il valore atteso è costante ma non specificato:

$$E[Z(x+h) - Z(x)] = 0 \quad \forall x \in D \tag{7.9}$$

2. Per una generica coppia di punti il quadrato dell'incremento dipende solo dalla distanza fra i due punti e non da x:

$$\gamma(h) = \frac{1}{2}E[(Z(x+h) - Z(x))^2] \quad \forall x \in D \tag{7.10}$$

La differenza fra la stazionarietà del $2°$ ordine e l'ipotesi intrinseca è sottile ma importante. Innanzitutto, la caratterizzazione di una funzione aleatoria stazionaria fino al $2°$ ordine richiede maggior informazione rispetto ad una funzione aleatoria per cui è valida l'ipotesi intrinseca: 1) per entrambe il valore atteso è costante, ma nell'ipotesi intrinseca non è necessario conoscerne il valore, 2) la funzione covarianza può essere ricavata dal variogramma solo se si conosce il suo comportamento oltre il range, ovvero se si conosce la varianza dispersiva, mentre il variogramma può essere utilizzato anche senza conoscerne la varianza.

La stazionarietà del secondo ordine sottintende l'ipotesi intrinseca, ma il contrario non è vero. Notiamo, infine, che la stazionarietà è una proprietà che riguarda il modello e non i dati, pertanto è incombenza del *modellatore* definire l'estensione del dominio D, all'interno del quale il fenomeno sotto esame può essere considerato stazionario. Tale dominio, detto anche vicinaggio di stazionarietà, sarà indicato con D_s.

ERGODICITÀ: Come già detto, nelle applicazioni relative al moto delle acque sotterranee nei mezzi porosi si incontra una singola realizzazione del mezzo ed il concetto di insieme o popolazione è piuttosto astratto. In questo caso l'insieme riflette meramente l'incertezza nella descrizione della struttura spaziale di una data formazione piuttosto che un set di formazioni simili costituenti l'insieme [Dagan, 1989]. Pertanto, la caratterizzazione statistica di una struttura random si deve basare sull'informazione contenuta in una singola realizzazione. Quindi, se limitiamo l'informazione ai primi due momenti, il valore atteso e la covarianza devono essere ricavati dalle medie spaziali piuttosto che dalle medie d'insieme. Ciò è possibile se e solo se qualche tipo di stazionarietà prevale e se l'ipotesi di ergodicità è soddisfatta. La definizione rigorosa di ergodicità è fuori dal nostro scopo, ma intuitivamente parlando, possiamo dire che l'ipotesi di ergodicità per un sistema implica che tutti gli stati dell'insieme sono presenti in ogni realizzazione.

Questo implica che dalle osservazioni della variabile spaziale di una singola realizzazione è possibile determinare proprietà statistiche del processo per tutte le realizzazioni.[3] Tale ipotesi è tanto più valida quanto maggiore è la dimensione del campione.

Poichè generalmente è presente solo una singola realizzazione, l'ipotesi ergodica non può essere rigorosamente verificata. L'assunzione di base è che l'ipotesi di ergodicità è soddisfatta se la varianza spaziale della media tende a zero.

7.2 ANALISI STRUTTURALE

Rappresenta il passo più delicato e importante di uno studio geostatistico. Consiste essenzialmente nel calcolo e nell'interpretazione dei variogrammi sperimentali. Il comportamento del va-

---

3 Immaginiamo di avere dei misuratori di livello idrico posizionati in tre punti distinti nel mare. Dopo un dato periodo di tempo si disporrà di tre insiemi di misure di livello idrico (L) di cui sarà possibile calcolare la media e la covarianza. Se è valida l'ipotesi di stazionarietà il valore atteso deve essere costante $E[L(x)] = m_L$ e la covarianza dipendere solo dalla distanza fra i vari punti $Cov_L(x, x + h) = Cov_L(h)$. Altresì, se avessimo una sola ed unica misura di livello idrico, l'ipotesi di ergodicità ci permetterebbe di affermare che la media d'insieme trovata coincide con la media spaziale ottenuta mediante la singola e unica misura di livello a disposizione $m_L = E[L_1, L_2, L_3]$.

riogramma deve rispondere ad un requisito di continuità spaziale, intesa come piccole variazioni della grandezza considerata per piccole distanze di campionamento. Sulla base dei dati disponibili, l'individuazione di tale continuità e la determinazione del modello che meglio la rappresenta, costituiscono l'obiettivo dell'analisi strutturale.

7.2.1 *Variogramma sperimentale*

L'espressione più comunemente usata, è quella proposta da Matheron [1970]:

$$\gamma(h) = \frac{1}{2N(h)} \sum_{i=1}^{N(h)} \left[Z(x_i) - Z(x_i + h) \right]^2 \qquad (7.11)$$

dove h appartiene a classi di distanze in cui viene diviso l'intervallo pari alla massima distanza tra i punti campionari x_i all'interno di D_s, ed $N(h)$ è il numero di coppie la cui distanza è compresa nell'intervallo considerato. Le distanze fra le coppie di punti campione sono rappresentate sull'asse delle ascisse ed etichettate con la lettera h; le medie delle differenze elevate al quadrato relative a tutte le coppie ad uguale distanza sono rappresentate sull'asse delle ordinate ed etichettate con la lettera greca $\gamma(h)$. Il grafico cosi costruito prende il nome di variogramma sperimentale. L'espressione del variogramma sperimentale proposte da [Matheron, 1970] contiene l'ipotesi di VR con valore atteso costante.

Nella pratica della determinazione dei variogrammi sperimentali spesso si è costretti ad operare delle approssimazioni. Un problema che si incontra sempre è legato al numero di coppie di valori ad una data distanza h. Infatti raramente nei casi reali, si dispone di siti di campionamento disposti su griglie regolari; in genere questi sono disposti casualmente sul territorio. Questa casualità nella disposizione dei punti di campionamento produce una variabilità pressoché continua del vettore **h** sul territorio considerato. Per ovviare a questa inevitabile casualità nella disposizione dei punti di campionamento, in pratica, si specifica una tolleranza sia sul modulo di **h** che sulla sua direzione.

Fondamentalmente l'analisi variografica è volta a evidenziare: 1) il comportamento all'origine dei variogrammi stessi, 2) la presenza di anisotropie, 3) la presenza di più scale di variabilità e 4) lo studio dei rapporti delle variabili alle diverse scale

Possibili forme di γ(h) per l'identificazione del modello

Dall'ispezione visiva del variogramma sperimentale, è possibile definire quale tipo di stazionarietà sia più adeguata al suo andamento. I profili possibili di γ(h) che si incontrano nelle analisi geostatistiche sono i seguenti:

(A) Rappresentato da una curva che cresce al crescere della distanza tendendo a stabilizzarsi intorno ad un sill, in corrispondenza di valori di h maggiori del range. Per esso si ipotizza un'ipotesi di stazionarietà in tutto il dominio di osservazione.

(B) Profilo che si attesta su un sill che si mantiene costante fino ad una certa distanza per poi crescere indefinitamente. Il tipo di ipotesi adeguata è quella di stazionarietà circoscritta ad un dominio spaziale, interno a quello di osservazione, definito dalla distanza h alla quale il sill rimane costante.

(C) Descritto da un andamento lineare che non raggiunge mai un valore di soglia. In tali casi l'ipotesi più appropriata è quella intrinseca.

(D) L'andamento del variogramma è parabolico e non esiste un valore soglia. In tal caso occorre rimuovere l'ipotesi di stazionarietà e analizzare il fenomeno con tecniche geostatistiche non-stazionarie.

In Figura 7.2 vengono mostrate le quattro situazioni su elencate.

7.2.2 *Comportamento nell'origine*

Il comportamento nell'origine del variogramma è responsabile della dispersione alla piccola scala della variabile di studio. Esso

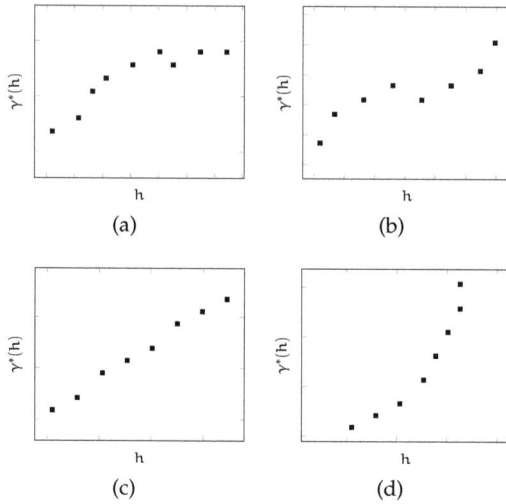

Figura 7.2: Profili tipo di $\gamma^*(h)$

può essere discontinuo, lineare o parabolico e indica, rispettivamente, un andamento di tipo discontinuo, continuo ma non derivabile o derivabile, il tutto in media quadratica, della VR. La discontinuità nell'origine è chiamata effetto pepita figura (7.3). L'effetto pepita è dovuto essenzialmente a due fattori: 1) la densità del campionamento e 2) gli errori di misura.

Una campagna di misure scarsamente addensata, determina, a scale inferiori alla minima distanza tra i punti di misura, una rappresentazione discontinua del comportamento della VR. Cioè, a scale inferiori alla minima distanza tra i campioni, si manifestano numerose strutture spaziali che, alla scala del variogramma sperimentale, è impossibile riconoscere separatamente; si coglie solo l'effetto collettivo prodotto: *nugget effect*. L'altra causa provocante la comparsa di un effetto pepita è costituita dagli errori di misura. Infatti, l'errore di misura, pur non avendo un carattere spaziale, può essere visto come una componente $Z_u(x)$ della variabile $Z(x)$. Pertanto il variogramma di quest'ultima comprende anche il variogramma degli errori di misura, che essendo spazialmente indipendenti, sono rappresentati da un variogramma pepitico.

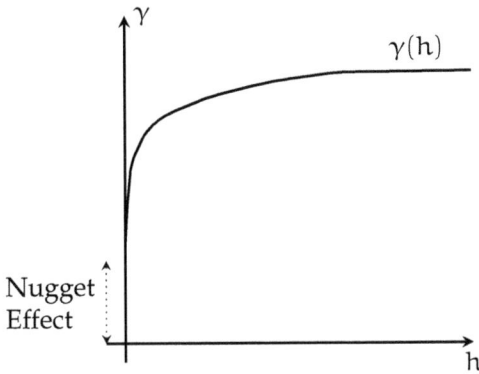

Figura 7.3: Esempio di variogramma con effetto pepita

7.2.3   *Strutture annidate*

È consueto nella pratica riscontrare nel comportamento di un variogramma sperimentale con sill variazioni di pendenza. Il cambiamento di pendenza è un segno che il variogramma sperimentale è costituito dalla sovrapposizione di più variogrammi elementari, aventi diversi valori di range, ed i cambiamenti di pendenza si verificano in corrispondenza dei range dei variogramma elementari. Ciò appare evidente osservando lo schema di composizione di variogrammi elementari di Figura 7.4. Questo vuol dire che il fenomeno è caratterizzato da più strutture di variabilità, ognuna operante alla scala spaziale, o temporale, espressa dal range del variogramma elementare corrispondente. Si dimostra facilmente che una variabile che presenta un variogramma con più strutture spaziali può essere considerata la risultante della somma di più componenti indipendenti, dette appunto componenti spaziali. In pratica, se:

$$Z(x) = \sum_{u} Z_u(x)$$

e le $Z_u(x)$ sono indipendenti, si avrà che:

$$\gamma(h) = \sum_u \gamma_u(h) \qquad (7.12)$$

con $\gamma_u(h)$ si è indicata la componente strutturale u del variogramma $\gamma(h)$ e con $Z_u(x)$ si è indicata la componente spaziale u della variabile $Z(x)$. In altre parole il variogramma di $Z(x)$ è costituito dalla somma dei variogrammi delle componenti-variabili $Z_u(x)$. Il sill di ogni componente spaziale rappresenta la dispersione della variabile che compete a quella scala. Un variogramma con più strutture di variabilità è chiamato nella terminologia geostatistica annidato (*nested*), ad indicare che le strutture di variabilità, a scala progressiva, sono inscatolate l'una dentro l'altra.

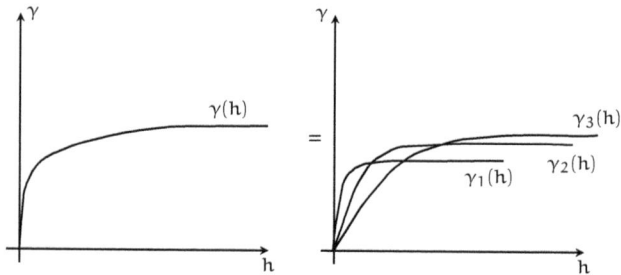

Figura 7.4: Sovrapposizione di variogrammi elementari

7.2.4 *Anisotropie*

La variabilità dei parametri che descrivono i fenomeni ambientali è influenzata da fattori strutturali che spesso agiscono in forma anisotropa, cioè con modalità e caratteristiche dipendenti dalle direzioni dello spazio. Come conseguenza, si avrà che anche i parametri coinvolti nei processi avranno carattere anisotropo. Ecco il motivo per cui nella funzione variogramma è stato introdotto il vettore **h**. Per esempio, la percentuale di sabbia di un deposito fluviale presenta, trasversalmente all'asse del fiume, una variabilità maggiore che non lungo l'asse; in un processo di sedimentazione, la variabilità litologica lungo la verticale si presenta generalmente più accentuata che non nelle direzioni del piano orizzontale; e cosi tanti altri esempi si possono enunciare. Poiché i variogrammi misurano in termini quantitativi la variabilità spaziale di un parametro, accade quindi spesso di imbattersi in variogrammi sperimentali, che mostrano un comportamento anisotropo. In geostatistica si conoscono due tipi di anisotropie:

L'ANISOTROPIA ZONALE. Ha luogo quando la variabilità, misurata dal sill, si presenta particolarmente accentuata in una determinata direzione, detta per l'appunto direzione di zonalità.

L'ANISOTROPIA GEOMETRICA. Ha luogo quando il grado di variabilità è lo stesso in tutte le direzioni, ma ciò che varia, rispetto ad esse, è il range, cioè la distanza alla quale tale variabilità complessiva viene raggiunta.

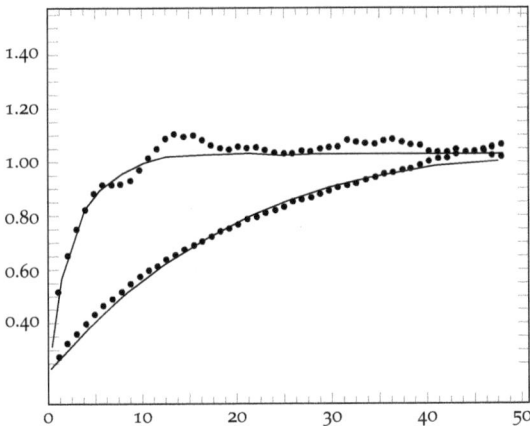

Figura 7.5: Esempio di variogrammi con anisotropia geometrica [De Marsily, 1986]

7.2.5 *Individuazione del variogramma-modello*

L'obbiettivo dell'analisi strutturale di un set di dati consiste nella determinazione di una funzione analitica $\gamma(h)$, che ben modella il comportamento spaziale reale della variabile considerata. Cioè, dagli andamenti dei variogrammi sperimentali, è possibile identificare una funzione matematica ammissibile che meglio interpreta tali diagrammi sperimentali. Ammissibile perché la funzione modello non può essere qualsiasi, ma deve rispettare determinate condizioni che sono da associare all'applicabilità degli strumenti forniti dalla geostatistica. Di seguito vengono elencate le proprietà matematiche di $\gamma(h)$ che deve possedere.

La funzione variogramma:

1. è una funzione definita positiva

$$\gamma(h) \geqslant 0$$

2. è una funzione pari

$$\gamma(h) = \gamma(-h)$$

3. nel caso di stazionarietà è legato alla covarianza dalla seguente relazione

$$\gamma(h) = \text{Cov}(0) - \text{Cov}(h)$$

4. il variogramma all'infinito cresce meno velocemente di h^2

$$\lim_{|h| \to \inf} \frac{\gamma(h)}{|h|^2} = 0$$

5. deve dare origine a combinazioni lineari autorizzate, ovvero le combinazioni lineari devono ammettere una varianza finita.

7.2.6   *Modelli di variogramma*

Per modello s'intende una funzione matematica continua che rappresenta adeguatamente il grafico del variogramma sperimentale, garantendo il rispetto di tutte le proprietà prima elencate. Nella letteratura geostatistica i modelli più comunemente utilizzati nelle applicazioni pratiche sono i seguenti [Deutsch e Journel, 1992; Isaaks e Srivastava, 1989; Kitanidis, 1997]:

MODELLO SFERICO   È rappresentato da una curva crescente fino alla scala di correlazione λ. Dopo la scala di correlazione le differenze quadratiche medie non cambiano e la curva, raggiunta la varianza (σ^2), rimane costante. È un variogramma caratteristico di dati con aree d'influenza ben sviluppate e buona continuità. La formula che ne regola l'andamento è la seguente:

$$\gamma(h) = \sigma^2\left(1.5\frac{h}{\alpha} - 0.5\left(\frac{h}{\alpha}\right)^3\right) \quad \forall h \leqslant \lambda$$
$$\gamma(h) = \sigma^2 \quad \forall h \geqslant \lambda \tag{7.13}$$

In questo caso la varianza σ^2 coincide con il sill (c) mentre la scala di correlazione λ è pari ai 2/3 del range (a). Tale simbologia viene mantenuta anche per gli altri modelli.

MODELLO ESPONENZIALE   È descritto da una curva che cresce al crescere delle distanze senza raggiungere il valore della varianza, ovvero lo raggiunge solo asintoticamente. È caratteristico di dati che hanno una limitata area entro cui si manifestano le relazioni d'influenza oppure che mostrano una elevata distanza di continuità. La sua legge è la seguente:

$$\gamma(h) = \sigma^2\left(1 - e^{-\frac{3h}{\alpha}}\right) \tag{7.14}$$

Anche in questo caso il sill coincide con la varianza mentre il range è pari a 3λ.

MODELLO GAUSSIANO   È rappresentato da una curva che inizialmente cresce lentamente con la distanza. Da una certa di-

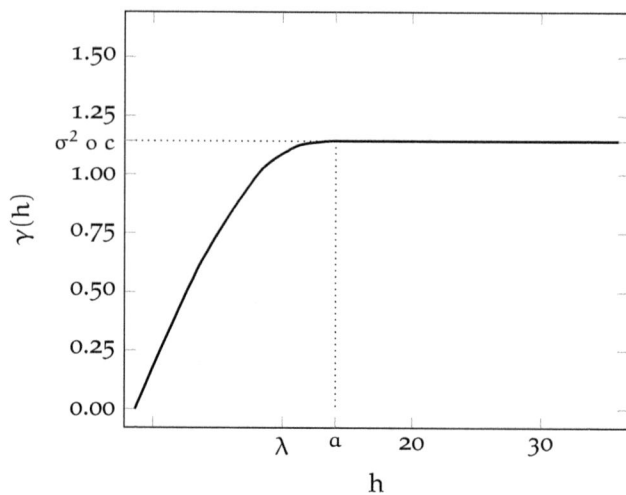

Figura 7.6: Modello di variogramma sferico

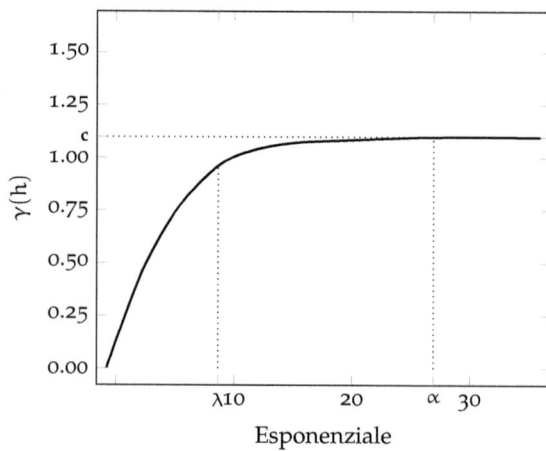

Figura 7.7: Modello di variogramma esponenziale

stanza in poi, il tasso di crescita è accelerato, assestandosi sul valore della varianza ad un ben definito valore della scala di correlazione. È caratteristico di dati con una elevata presenza di tendenza che si manifesta a piccola scala e, nello stesso tempo, un alto livello di continuità regionale. La formula che regola tale modello è la seguente:

$$\gamma(h) = \sigma^2 \left(1 - e^{-\frac{h^2}{\alpha^2}} \right) \qquad (7.15)$$

Al solito il sill (c) coincide con la varianza, mentre il range(a) è pari a $\sqrt{3}\lambda$.[4] Il Gaussiano è l'unico modello che ha un andamento parabolico all'origine, ciò sta ad indicare che esso rappresenta una VR che è abbastanza *smooth* da essere differenziabile.

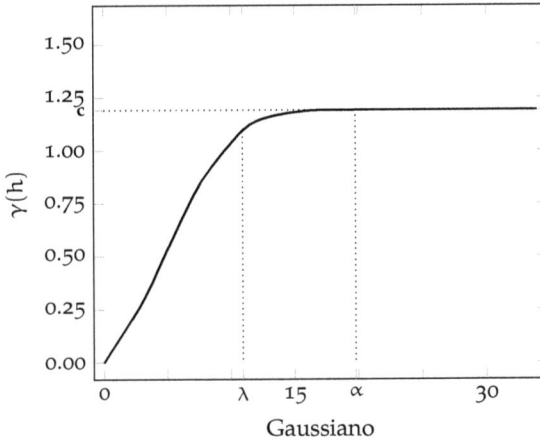

Figura 7.8: Modello di variogramma gaussiano

MODELLO POTENZA È descritto da una curva che evidenzia una crescita delle differenze quadratiche medie al crescere delle distanze. La formula è la seguente:

$$\gamma(h) = \omega h^s \qquad 0 \leqslant s \leqslant 2 \qquad (7.16)$$

---

4 Secondo Deutsch e Journel [1992] il modello gaussiano è $\gamma(h) = \sigma^2 \left(1 - e^{-\frac{h^2}{\alpha^2}} \right)$.

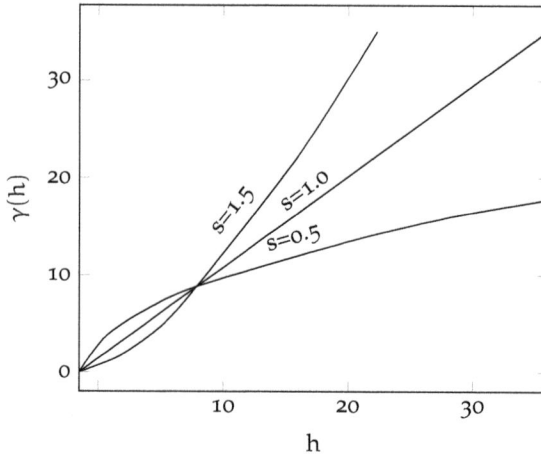

Figura 7.9: Modello di variogramma potenza

Come si può notare in (Figura7.9) il comportamento di $\gamma(h)$ all'origine varia con s, con s $\leqslant$ 1 il variogramma ha una concavità verso il basso, con s = 1 il modello potenza coincide con il modello lineare ed il variogramma diventa una retta di coefficiente angolare pari a ω , mentre con s $\geqslant$ 1 il variogramma presenta una concavità verso l'alto. Tali modelli sono caratterizzati da una dispersione spaziale non limitata. Non possono essere usati per FA stazionarie di 2° ordine.

MODELLO EFFETTO PEPITA È descritto da una funzione del tipo:

$$\gamma(h) = c_0 \qquad \forall h \geqslant 0 \qquad\qquad (7.17)$$

dove c_0 è la varianza di nugget.

Come si può notare il comportamento di $\gamma(h)$ è quello di puro effetto pepita. Poichè per definizione ogni variogramma modello può essere ottenuto mediante sue combinazioni lineari, il modello effetto pepita può essere utilizzato o da solo o, come più frequentemente accade, sommato ad altri variogrammi modello per tenere conto delle discontinuità all'origine.

Nella pratica, generalmente, variogrammi descriventi la struttura spaziale di una funzione, sono formati da combinazioni di più variogrammi elementari (strutture annidate). Pertanto, il modello da utilizzare viene fuori da una procedura di identificazione, che mira a scomporre il variogramma nelle sue strutture elementari, fornendo di ognuna i parametri che li caratterizzano.

I parametri relativi all'anisotropia sono differenti a seconda del tipo incontrato. Nel caso di quella geometrica in un piano, dove si evidenzia una variabilità identica nelle due direzioni ortogonali, ma con differenti scale di correlazione, il range può essere visto come il raggio vettore di un ellisse. L'asse maggiore e minore dell'ellisse sono rispettivamente il massimo e il minimo range (Figura 7.10). In questo caso i parametri sono:

- l'angolo Φ_g che la direzione di massimo range forma con l'asse x_1 del sistema di riferimento assegnato.

- il rapporto A tra il minimo range e quello massimo.

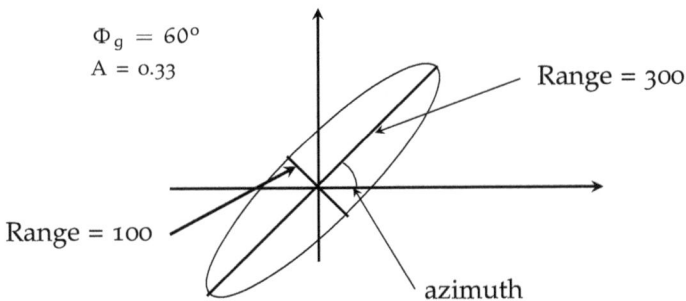

Figura 7.10: Anisotropia geometrica

Nel caso di anisotropia zonale dove la variabilità spaziale è più marcata in una specifica direzione (di zonalità) equivalente ad una anisotropia geometrica dove l'asse minore dell'ellisse è trascurabile rispetto a quello maggiore (Figura 7.11), l'unico parametro caratterizzante è l'angolo Φ_z che la direzione di zonalità forma con l'asse x_1.

È, comunque, da sottolineare il fatto che una procedura di identificazione del variogramma modello, esposta qui in modo mol-

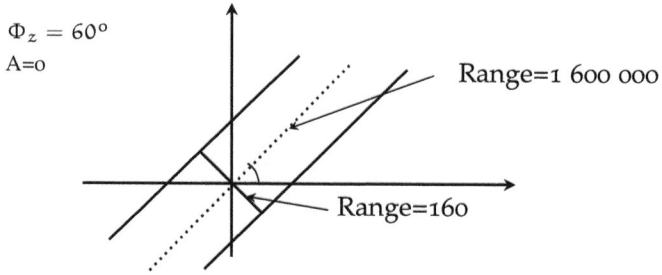

Figura 7.11: Anisotropia zonale

to semplice e schematica, nella realtà necessita di una grande esperienza e sensibilità da parte del variografo.

7.3 ANALISI SPAZIALE UNIVARIATA: IL KRIGING

Nelle applicazioni geostatistiche, subito dopo la modellazione dei variogrammi e la determinazione dei corrispondenti parametri, è possibile procedere alla stima dei valori, nei punti non noti, usando il metodo del Kriging. Esso consiste nella risoluzione di un sistema di equazioni lineari, dove si introduce il modello probabilistico di variabilità spaziale fornito dall'analisi strutturale, al fine di calcolare l'incertezza e l'intervallo di affidabilità delle stime.

Il Kriging è spesso associato all'acronimo inglese B.L.U.E., che sta per *Best Linear Unbiased Estimated*, cioè stimatore ottimale, lineare e corretto [Delhomme, 1978]. È uno stimatore ottimale dato che tende a minimizzare la varianza (σ_R^2) degli errori di stima, lineare in quanto le sue stime sono combinazioni lineari pesate di dati noti e infine corretto perché cerca di produrre stime tali che la media dell'errore sia nulla.

7.3.1 *Simple kriging*

In questo caso si assume che la VR goda di una Stazionarietà del 2° ordine, ovvero [Kitanidis, 1997]:

1. Il valore atteso $E[Z(x)]$ esiste e non dipende dalla posizione x

$$E[Z(x)] = m, \qquad \forall x \in D$$

2. Per ogni coppia $[Z(x), Z(x+h)]$ la covarianza esiste e dipende solo dal vettore di separazione h,

$$Cov(x, x+h) = Cov(h) = E[Z(x+h) \cdot Z(x)] - m^2$$

Definiamo ora un processo a media nulla:

$$Y(x) = Z(x) - m \qquad\qquad (7.18)$$

ciò fornisce $E(Y) = 0$

Lo stimatore lineare, nel punto incognito x_0, è rappresentato dalla seguente espressione[5]:

$$Y_0^* = \sum_{i=1}^{n} \lambda_i Y_i$$

dove Y_i sono le n osservazioni sperimentali e λ_i sono i coefficienti ponderatori o pesi[6].

CONDIZIONE DI OTTIMALITÀ   Per poter determinare la migliore stima della variabile regionalizzata nel punto incognito x_0 si impone la condizione di ottimalità ovvero che sia minima la varianza dell'errore di stima detto anche residuo R:

$$\sigma_R^2 = Var[Y_0 - Y_0^*] = min$$

---

5 per semplicità di notazione nel seguito si scriverà Y_0 al posto di $Y(x_0)$
6 a rigore occorrerebbe scrivere λ_i^0 in quanto i pesi variano al variare della posizione in cui si stima la variabile $Y(x_0)$, tuttavia per ragione di semplicità si ometterà l'apice e si scriverà λ_i

la quale, attraverso le definizioni di $Cov(x_1, x_2)$, di $Cov(0)$ e di processo a media nulla si può scrivere come:

$$\sigma_R^2 = E\left\{ \left[Y_0 - \sum_{i=1}^{n} \lambda_i Y_i \right]^2 \right\}$$

$$= E\left[Y_0^2 + \sum_{i=1}^{n} \sum_{j=1}^{n} \lambda_i \lambda_j Y_i Y_j - 2 \sum_{i=1}^{n} \lambda_i Y_i Y_0 \right]$$

$$= Cov(0) + \sum_{i=1}^{n} \sum_{j=1}^{n} \lambda_i \lambda_j Cov(x_i, x_j) - 2 \sum_{i=1}^{n} \lambda_i Cov(x_i, x_0)$$

Alla relazione della varianza estimativa in funzione dei pesi λ_i, si applica la condizione di ottimalità. Quest'ultima, matematicamente definita come processo di minimizzazione, è generalmente condotta uguagliando a zero le n derivate parziali del primo ordine rispetto ai pesi:

$$\frac{\partial \sigma_R^2}{\partial \lambda_i} = 0$$

Tale processo di minimizzazione produce un sistema di n equazioni in n incognite. Ponendo la derivata della varianza estimativa pari a zero si ottiene:

$$\frac{\partial \sigma_R^2}{\partial \lambda_i} = 2 \sum_{j=1}^{n} \lambda_j Cov(x_i, x_j) - 2Cov(x_i, x_0) = 0$$

pertanto la condizione di ottimalità fornisce un sistema di n equazioni con n pesi incogniti:

$$\sum_{j=1}^{n} \lambda_j Cov(x_i, x_j) = Cov(x_i, x_0)$$

La soluzione di tale sistema fornisce i pesi e quindi, noto m, attraverso la (7.18) è possibile conoscere il valore delle VR Z nel periodo.

La derivazione di σ_R^2 ci permette di calolare agevolmente la varianza estimativa. Infatti sostituendola nell'equazione di σ_R^2 possiamo esprimere la varianza estimativa nella seguente forma compatta:

$$\sigma_R^2 = \text{Cov}(0) - \sum_{i=1}^{n} \lambda_i \text{Cov}(x_i, x_0)$$

Potendo ipotizzare per gli errori di stima una distribuzione normale, e ponendo α come livello di significatività prefissato, siamo in grado di stabilire un intervallo di confidenza della stima. In particolare per $\alpha = 95\%$, l'intervallo di confidenza è $[-2\sigma_R; +2\sigma_R]$, dove σ_R con $(\sqrt{\text{var}(Y_0^* - Y_0)}\,)$ Pertanto, la stima di Z_0 con una affidabilità del 95% è:

$$Z_0^* = m + \sum_{i=1}^{n} \lambda_i Y_i \pm 2\sigma_R$$

7.3.2   Ordinary Kriging

In questo caso si assume che per la VR sia valida l'*ipotesi intrinseca*, ovvero

1. Il valore atteso è costante ma non specificato [Kitanidis, 1997]:

$$E[Z(x+h) - Z(x)] = 0 \qquad \forall x \in D$$

2. Per una generica coppia di punti il quadrato dell'incremento dipende solo dalla distanza fra i due punti e non da x:

$$\gamma(h) = \frac{1}{2} E[(Z(x+h) - Z(x))^2] \quad \forall x \in D$$

Lo stimatore lineare, nel punto incognito x_0 è rappresentato dalla seguente espressione:

$$Z_0^* = \sum_{i=1}^{n} \lambda_i Z_i$$

2

dove Z_i sono le n osservazioni sperimentali e λ_i sono i coefficienti ponderatori o pesi.

Condizione di non distorsione: La condizione di non distorsione (*unbiased*) della stima è:

$$E[Z_0 - Z_0^*] = E[Z_0] - \sum_{i=1}^{n} \lambda_i E[Z_i] = 0$$

che per la validità dell'ipotesi intrinseca ($E[Z_0] = E[Z_i] = m$) diviene:

$$m[1 - \sum_{i=1}^{n} \lambda_i] = 0$$

che produce la seguente condizione sui ponderatori:

$$\sum_{i=1}^{n} \lambda_i = 1$$

Condizione di ottimalità: Per poter determinare la migliore stima della variabile regionalizzata nel punto incognito x_0 si impone la condizione di ottimalità ovvero che sia minima la varianza dell'errore di stima:

$$\sigma_R^2 = Var[Z_0 - Z_0^*] = min$$

la quale, attraverso le relazioni (7.6) e (7.7), si può scrivere come:

$$\sigma_R^2 = E\left\{[Z_0 - \sum_{i=1}^{n} \lambda_i Z_i]^2\right\} - \left\{E[Z_0 - \sum_{i=1}^{n} \lambda_i Z_i]\right\}^2$$

$$= E\left[Z_0^2 + \sum_{i=1}^{n}\sum_{j=1}^{n} \lambda_i \lambda_j Z_i Z_j - 2\sum_{i=1}^{n} \lambda_i Z_i Z_0\right] - 2m^2 + 2m^2$$

$$= \left\{E\left[Z_0^2\right] - m^2\right\} + \sum_{i=1}^{n}\sum_{j=1}^{n} \lambda_i \lambda_j \left\{E\left[Z_i Z_j\right] - m^2\right\} +$$

$$-2\sum_{i=1}^{n} \lambda_i \left\{E\left[Z_i Z_0\right] - m^2\right\}$$

$$= \text{Cov}(0) + \sum_{i=1}^{n}\sum_{j=1}^{n} \lambda_i \lambda_j \text{Cov}(x_i, x_j) - 2\sum_{i=1}^{n} \lambda_i \text{Cov}(x_i, x_0)$$

$$(7.19)$$

Alla relazione finale della (7.19), che esprime la varianza estimativa in funzione dei pesi λ_i, si applica la condizione di ottimalità. Quest'ultima, matematicamente definita come processo di minimizzazione, è generalmente condotta uguagliando a zero le n derivate parziali del primo ordine rispetto ai pesi:

$$\frac{\partial \sigma_R^2}{\partial \lambda_i} = 0$$

Tale processo di minimizzazione produce un sistema di $n+1$ equazioni in n incognite. La soluzione di un tale sistema fornisce un set qualunque di n pesi che non garantiscono la condizione di non distorsione. Si deve perciò restringere il campo delle possibili soluzioni a quei set di pesi la cui somma è pari ad uno. Questo problema di ottimizzazione vincolata si risolve usando la tecnica dei moltiplicatori di Lagrange, ovvero aggiungendo alla varianza estimativa il termine $2v\left(\sum_{i=1}^{n} \lambda_i - 1\right)$. Pertanto si ottiene:

$$\frac{\partial \sigma_R^2}{\partial \lambda_i} = 2\sum_{j=1}^{n} \lambda_j \text{Cov}(x_i, x_j) - 2\text{Cov}(x_i, x_0) + 2v = 0; \ \forall i = 1 \dots n$$

$$(7.20)$$

La condizione di ottimalità, unitamente alla condizione di correttezza, fornisce un sistema di $n + 1$ equazioni con incogniti gli n pesi e il moltiplicatore di Lagrange ν:

$$\begin{cases} \sum_{i=1}^{n} \lambda_i \text{Cov}(x_i, x_j) + \nu = \text{Cov}(x_i, x_0) \\ \sum_{i=1}^{n} \lambda_i = 1 \end{cases}$$

L'equazione (7.20) ci permette di calolare agevolmente la varianza estimativa. Infatti sostituendo l'equazione (7.20) nell'equazione (7.19) possiamo esprimere la varianza estimativa nella seguente forma compatta:

$$\sigma_R^2 = \text{Cov}(0) - \sum_{i=1}^{n} \lambda_i \text{Cov}(x_i, x_0) - \nu$$

Grazie all'ipotesi intrinseca è possibile riscrivere il sistema del Kriging e la varianza estimativa in funzione del variogramma. Infatti, per tale ipotesi si ha che $\gamma(x_i, x_j) = \text{Cov}(0) - \text{Cov}(x_i, x_j)$, quindi la condizione di ottimalità, in termini di variogramma, diventa:

$$\frac{\partial \sigma_R^2}{\partial \lambda_i} = 2 \sum_{j=1}^{n} \lambda_j \left(\text{Cov}(0) - \gamma(x_i, x_j) \right) +$$
$$- 2 \left(\text{Cov}(0) - \gamma(x_i, x_0) \right) + 2\nu = 0$$

$$(7.21)$$

ora la condizione di ottimalità, unitamente alla condizione di correttezza, ci permette di ottenere il sistema del kriging in funzione del variogramma:

$$
\begin{cases}
\sum_{j=1}^{n} \lambda_j \gamma(x_i, x_j) - v = \gamma(x_i, x_0) \\
\sum_{i=1}^{n} \lambda_i = 1
\end{cases}
\tag{7.22}
$$

In forma matriciale il sistema kriging scritto in funzione della funzione variogramma si presenta cosi:

$$
\begin{bmatrix}
0 & \gamma_{12} & \cdots & \gamma_{1n} & -1 \\
\gamma_{21} & 0 & \cdots & \gamma_{2n} & -1 \\
\vdots & \vdots & \ddots & \vdots & \vdots \\
\gamma_{n1} & \gamma_{n2} & \cdots & 0 & -1 \\
1 & 1 & \cdots & 1 & 0
\end{bmatrix}
\otimes
\begin{bmatrix}
\lambda_1 \\
\lambda_2 \\
\vdots \\
\lambda_n \\
v
\end{bmatrix}
=
\begin{bmatrix}
\gamma_{10} \\
\gamma_{20} \\
\vdots \\
\gamma_{n0} \\
1
\end{bmatrix}
$$

γ_{ij} rappresenta il valore della funzione variogramma $\gamma(x_i, x_j)$. Si noti che il valore di γ svanisce quando la distanza di separazione è zero. Quindi, come si può vedere nella matrice di sinistra, gli elementi lungo la diagonale sono nulli in quanto si riferiscono a due variabili collocate sullo stesso punto ovvero a distanza nulla.

Conseguentemente, utilizzando l'espressione (7.19) è possibile anche esprimere la varianza estimativa in funzione del variogramma:

$$
\sigma_R^2 = \text{Cov}(0) - \sum_{i=1}^{n} \sum_{j=1}^{n} \lambda_i \lambda_j \left(\gamma(x_i, x_j) - \text{Cov}(0) \right) +
$$

$$
+ 2 \sum_{i=1}^{n} \lambda_i \left(\gamma(x_i, x_0) - \text{Cov}(0) \right)
\tag{7.23}
$$

$$
= 2 \sum_{i=1}^{n} \lambda_i \gamma(x_i, x_0) - \sum_{i=1}^{n} \sum_{j=1}^{n} \lambda_i \lambda_j \gamma(x_i, x_j)
$$

L'equazione (7.21) ci permette di calcolare agevolmente la varianza estimativa. Infatti, sostituendo l'equazione (7.21) nell'equazione (7.23) possiamo esprimere la varianza estimativa in funzione del variogramma:

$$\sigma_R^2 = \sum_{i=1}^{n} \lambda_i \gamma(x_i, x_0) - \nu$$

Potendo ipotizzare per gli errori di stima una distribuzione normale, e ponendo α come livello di significatività prefissato, siamo in grado di stabilire un intervallo di confidenza della stima. In particolare per $\alpha = 95\%$, l'intervallo di confidenza è $[-2\sigma_R; +2\sigma_R]$, dove σ_R è la deviazione standard ($\sqrt{var(Z_0^* - Z_0)}$) e

$$Z_0^* = \sum_{i=1}^{n} \lambda_i Z_i \pm 2\sigma_R$$

rappresenta la stima di Z_0 con una probabilità del 95% .

7.3.3 Proprietà del Kriging

Lo stimatore Kriging, condivide con altre varianti di tecniche B.L.U.E. le seguenti proprietà:

I PESI vengono determinati risolvendo un sistema di equazioni lineari con coefficienti che dipendono solo dalla funzione variogramma, che descrive la struttura spaziale della variabile in studio, ricavata dall'analisi strutturale di dati osservati. Notiamo infatti dal sistema che, la matrice dei coefficienti e il vettore noto a destra del sistema sono costituiti rispettivamente da termini dipendenti dalla posizione reciproca dei punti di misura e dalla posizione di questi ultimi con i punti da stimare;

IL SISTEMA ammette un'unica soluzione solo se la matrice dei coefficienti è invertibile. Ciò si verifica quando si usano funzioni variogramma matematicamente accettabili e non vi sono osservazioni ridondanti. Come già si è visto in un paragrafo precedente, le funzioni assunte come modelli per descrivere i variogrammi sperimentali sono ammissibili per definizione. Pertanto, se le misure disponibili sono distinte, il sistema ammette sempre un soluzione univoca;

È CONSIDERATO un interpolatore esatto. Cioè la mappatura delle stime passa esattamente per i valori dei punti di osservazione. Infatti, per la stima di Z in uno dei punti di misura ad esempio $x_k\{x_1 \ldots x_n\}$ il kriging fornisce $Z_k^* = Z_k$ dovuto al fatto che l'unico peso λ_i diverso da zero e $\lambda_i = \lambda_k = 1$, mentre per $i \neq k$ si ha $\lambda_i = 0$;

RISPETTO AGLI ALTRI METODI di interpolazione, come la distanza inversa o i poligoni di Thiessen, il Kriging presenta il vantaggio di essere uno strumento più flessibile. Come sappiamo, i pesi che si utilizzano nelle stime dipendono da come la funzione varia nello spazio. Sulla base di esperienze precedentemente acquisite, o magari da altre informazioni, si può agire sui dati e sul variogramma per determinare i pesi appropriati alla scala di variabilità; mentre, ad esempio, i poligoni di Thiessen applicano pesi uguali sia se la funzione esibisce una variabilità a piccola scala che a grande scala.

7.3.4 *Validazione del Modello*

Il modello geostatistico di stima implementato deve essere validato prima di poter essere utilizzato. Il grado di affidabilità delle previsioni effettuate dal modello geostatistico viene valutato attraverso dei test statistici realizzati al fine di confutare il modello. In pratica, la validazione del modello è basata su test statistici applicati agli errori. Il test statistico è l'equivalente di un esperimento che viene condotto per validare una teoria scientifica. Quando si propone una nuova teoria o "modello matematico" questa deve essere validata, quindi si progetta un esperimento e poi: 1) si predice il risultato dell'esperimento usando la teoria, 2) si osserva il risultato effettivo dell'esperimento e infine 3) si confrontano i risultati simulati con quelli osservati. Se l'errore, ovvero la differenza fra il valore simulato e quello misurato, cade all'interno dell'errore sperimentale atteso, si dirà che i dati non forniscono nessun motivo a che il modello venga rigettato, altrimenti i dati sperimentali confutano la teoria.

Un ruolo fondamentale nella validazione del modello geostatistico è svolto dal calcolo dell'errore. Per calcolare l'errore commesso dal modello si procede eliminando una alla volta le misure della VR e stimandole utilizzando il resto delle misure a disposizione. Successivamente la misura eliminata viene riposizionata e si opera su una nuova misura fin quando tutte le misure non vengono stimate. Questa procedura, nota con il nome inglese di *Cross Validation*, ci permette di calcolare l'errore commesso nella stima mediante il krigaggio dei dati.

Sia $Z(x_i)$ la generica misura della variabile regionalizzata nel punto x_i e sia $Z^*(x_i)$ la stima ottenuta per la Cross Validation del modello. Ripetendo tale stima su tutte le N misure disponibili avremo una nuova VR $\epsilon(x_i) = Z(x_i) - Z^*(x_i)$. Il modello viene ritenuto valido se sono verificate le seguenti condizioni [Deutsch e Journel, 1992]:

1. La distribuzione degli errori $\epsilon(x_i)$ è simmetrica, con media pari a zero ed una dispersione minima intorno alla media;

2. Se si riportano in un grafico gli errori $\epsilon(x_i)$ rispetto ai valori stimati $Z^*(x_i)$ questi sono centrati rispetto alla retta passante per lo zero. Tale proprietà è chiamata *condizione di non distorsione*. Inoltre tale grafico presenta una dispersione costante, ciò significa che la varianza dell'errore non dipende dal valore della variabile;

3. Gli N errori $\epsilon(x_i)$ sono indipendenti fra di loro ovvero scorrelati. Questa condizione è verificata quando il variogramma sperimentale degli errori appare come un puro nugget effect.

7.4 ANALISI SPAZIALE BIVARIATA: IL COKRIGING

Oltre alle misure dirette della grandezza idrologica di interesse, spesso si hanno a disposizione altre grandezze secondarie ad esse correlate. La stima della VR principale può essere migliorata se viene utilizzata l'informazione proveniente dalla secondaria,

specie quando quest'ultima è densamente campionata. La geostatistica, infatti, fornisce metodiche diverse di analisi dei dati, capaci
di sfruttare al meglio nel processo di stima di un parametro, ogni
tipo di osservazione sperimentale disponibile su un sito, collegando tra loro misure di grandezze differenti. Tali tecniche, mostrano
come gli strumenti geostatistici siano in grado di adeguarsi al tipo
di informazione disponibile, non restando vincolate a campagne
di misurazioni regolate alle proprie caratteristiche. In generale
l'informazione secondaria può essere utilizzata per migliorare la
stima della principale a seconda se l'informazione è esaustiva oppure meno. Nel primo caso si utilizzano delle varianti del Kriging,
nel secondo si utilizza il paradigma del Cokriging. In seguito si
illustreranno dapprima le due principali tecniche di Cokriging (*i.e.*
Simple Cokriging e Ordinary Cokriging) e successivamente due
varianti del kriging che si utilizzano quando la variabile secondaria è campionata in maniera esaustiva ovvero quando essa è
disponibile laddove si ha la variabile principale (*i.e.* Kriging con
regressione lineare) o anche dove questa deve essere stimata (*i.e.*
Kriging con External Drift).

La principale limitazione nell'utilizzo congiunto di due grandezze fra di loro correlate per la stima di una di esse è la disponibilità
di informazione negli stessi punti di campionamento. Quando
l'informazione sulla variabile secondaria non è esaustiva, nel senso prima definito, tale informazione può essere utilizzata usando
il paradigma del Cokriging che tiene conto esplicitamente della
correlazione incrociata (in inglese *Cross Correlation*) fra la variabile
secondaria e quella principale da stimare.

Si ipotizzi di avere la VR principale $Z_1(x_i)$ misurata nei punti x_i
con $i = 1, \dots, n_1$ e una VR secondaria $Z_2(x_j)$ campionata nei punti
x_j con $j = 1, \dots, n_2$. Per definizione di variabile regionalizzata
possiamo scrivere per entrambe le VR:

$$Z_1(x) = m_1(x) + z_1(x) \qquad Z_2(x) = m_2(x) + z_2(x)$$

essendo $m_1(x)$ e $m_2(x)$ il valore atteso ovvero la componente deterministica o trend delle due VR e $z_1(x_i)$ e $z_2(x_j)$ il residuo ovvero la loro componente stocastica si può porre:

$$E[Z_1(x)] = m_1(x) \qquad E[Z_2(x)] = m_2(x) \qquad (7.24)$$

e quindi

$$E[z_1(x)] = 0 \qquad E[z_2(x)] = 0 \qquad (7.25)$$

Lo stimatore lineare visto nella stima spaziale univariata può essere traslato nel caso di stima spaziale bivariata:

$$Z_1^*(x_0) - m_1(x_0) = \sum_{i=1}^{n_1} \mu_i \left(Z_1(x_i) - m_1(x_i) \right) +$$
$$+ \sum_{j=1}^{n_2} \lambda_j \left(Z_2(x_j) - m_2(x_j) \right) \qquad (7.26)$$

dove μ_i e λ_j sono i pesi assegnati rispettivamente alla VR principale e secondaria.

7.4.1 Simple Cokriging

Il Simple Cokriging è il corrispondente del Simple Kriging e come tale può essere applicato per la stima di una variabile regionalizzata quando sia la VR principale che la secondaria godono di stazionarietà del II ordine e le medie sono note. In tale ipotesi la stima della variabile principale nel punto generico x_0 diventa:

$$Z_1^*(x_0) = \sum_{i=1}^{n_1} \mu_i \left(Z_1(x_i) - m_1 \right) + \sum_{j=1}^{n_2} \lambda_j \left(Z_2(x_j) - m_2 \right) + m_1 \quad (7.27)$$

È facile verificare che la *condizione di non distorsione* è sempre verificata per qualsiasi valore dei pesi μ_i e λ_j. Infatti, imponendo la condizione di non distorsione si ha:

$$E\left[Z_1^*(x_0) - Z_1(x_0)\right] = \sum_{i=1}^{n_1} \mu_i E\left[Z_1(x_i)\right] + \sum_{j=1}^{n_2} \lambda_j \left[Z_2(x_j)\right] +$$

$$+ m_1\left(1 - \sum_{i=1}^{n_1} \mu_i\right) - \sum_{j=1}^{n_2} \lambda_j m_2 - E[Z_1(x_0)] = \sum_{i=1}^{n_1} \mu_i m_1 +$$

$$+ \sum_{j=1}^{n_2} \lambda_j m_2 + m_1\left(1 - \sum_{i=1}^{n_1} \mu_i\right) - \sum_{j=1}^{n_2} \lambda_j m_2 - m_1 = 0$$

avendo definito una variabile regionalizzata come somma di una componente deterministica o trend ($m(x)$) e una componente stocastica o residuo ($z(x)$) possiamo scrivere l'errore di stima come:

$$Z_1^*(x_0) - Z_1(x_0) = \sum_{i=1}^{n_1} \mu_i z_1(x_i) + \sum_{j=1}^{n_2} \lambda_j z_2(x_j) - z_1(x_0) \quad (7.28)$$

La *condizione di ottimalità* garantisce la migliore stima di $Z_1^*(x_0)$ quindi si impone che la varianza estimativa sia minima ovvero che lo scarto quadrato medio fra la stima ed il valore esatto sia minimo:

$$\sigma_R^2 = \text{Var}\left[Z_1^*(x_0) - Z_1(x_0)\right] = \min$$

sviluppando la condizione di ottimalità rispetto ai residui $z_1(x_i)$ e $z_2(x_i)$ per la (7.27) si ottiene:

$$\sigma_R^2 = E\left\{\left[\sum_{i=1}^{n_1} \mu_i z_1(x_i) + \sum_{j=1}^{n_2} \lambda_j z_2(x_j) - z_1(x_0)\right]^2\right\}$$

$$= E\left\{\sum_{i=1}^{n_1}\sum_{k=1}^{n_1} \mu_i \mu_k z_1(x_i) z_1(x_k) + \right.$$

$$+ \sum_{j=1}^{n_2}\sum_{l=1}^{n_2} \lambda_j \lambda_l z_2(x_j) z_2(x_l) +$$

$$+ 2\sum_{i=1}^{n_1}\sum_{j=1}^{n_2} \mu_i \lambda_j z_1(x_i) z_2(x_j) - 2\sum_{i=1}^{n_1} \mu_i z_1(x_i) z_1(x_0) +$$

$$\left. - 2\sum_{j=1}^{n_2} \lambda_j z_2(x_j) z_1(x_0) + z_1^2(x_0)\right\}$$

Per la (7.25) essendo il valore atteso dei residui nullo, la varianza estimativa viene espressa come combinazione lineare delle covarianze dei residui $\text{Cov}_{11}^R(x_i, x_j)$, $\text{Cov}_{22}^R(x_i, x_j)$ e $\text{Cov}_{12}^R(x_i, x_j)$:

$$\sigma_R^2 = \sum_{i=1}^{n_1}\sum_{k=1}^{n_1} \mu_i \mu_k \text{Cov}_{11}^R(x_i, x_k) + \sum_{j=1}^{n_2}\sum_{l=1}^{n_2} \lambda_j \lambda_l \text{Cov}_{22}^R(x_j, x_l) +$$

$$+ 2\sum_{i=1}^{n_1}\sum_{j=1}^{n_2} \mu_i \lambda_j \text{Cov}_{12}^R(x_i, x_j) - 2\sum_{i=1}^{n_1} \mu_i \text{Cov}_{11}^R(x_i, x_0) +$$

$$- 2\sum_{j=1}^{n_2} \lambda_j \text{Cov}_{21}^R(x_j, x_0) + \text{Cov}_{11}^R(x_0, x_0)$$

$$(7.29)$$

I pesi μ_i e λ_j del Simple Cokriging che minimizzano la varianza estimativa (7.29) vengono ottenuti imponendo che la derivata della varianza estimativa si annulli, ovvero:

$$\frac{\partial \sigma_R^2}{\partial \mu_i} = 2 \sum_{k=1}^{n_1} \mu_k Cov_{11}^R(x_i, x_k) + 2 \sum_{j=1}^{n_2} \lambda_j Cov_{12}^R(x_i, x_j) - $$

$$+ 2 \sum_{i=1}^{n_1} Cov_{11}^R(x_i, x_0)$$

$$\frac{\partial \sigma_R^2}{\partial \lambda_j} = 2 \sum_{l=1}^{n_2} \lambda_l Cov_{22}^R(x_j, x_l) + 2 \sum_{i=1}^{n_1} \mu_i Cov_{12}^R(x_i, x_j) - $$

$$+ 2 Cov_{21}^R(x_j, x_0)$$

Imponendo pari a zero le derivate delle varianze estimative si ottiene il sistema algebrico del Simple Cokriging. A causa dell'ipotesi di stazionarietà le componenti deterministiche o di trend delle variabili principale e secondaria sono costanti e note, quindi le funzioni covarianza dei residui ($z_1(x_i)$ e $z_2(x_j)$) sono uguali alla funzioni covarianza delle VR $Z_1(x_i)$ e $Z_2(x_j)$. Pertanto il sistema del Simple Cokriging diventa:

$$\begin{cases} \sum_{k=1}^{n_1} \mu_k Cov_{11}(x_i, x_k) + \sum_{j=1}^{n_2} \lambda_j Cov_{12}(x_i, x_j) = Cov_{11}(x_i, x_0) \\ \\ \sum_{i=1}^{n_1} \mu_i Cov_{12}(x_i, x_j) + \sum_{l=1}^{n_2} \lambda_l Cov_{22}(x_j, x_l) = Cov_{21}(x_j, x_0) \end{cases}$$

$$(7.30)$$

La stima della variabile principale nel punto x_0 effettuata attraverso la soluzione del sistema (7.30) produce una varianza estimativa minima che può essere ottenuta sostituendo le (7.30) nella (7.29), ovvero:

$$\sigma_R^2(x_0) = - \sum_{i=1}^{n_1} \mu_i Cov_{11}(x_i, x_0) - \sum_{j=1}^{n_2} \lambda_j Cov_{21}(x_j, x_0) + $$
$$+ Cov_{11}(x_0, x_0) \qquad (7.31)$$

7.4.2   *Ordinary Cokriging*

L'Ordinary Cokriging è in grado di ottenere la stima di una VR richiedendo, sia per la variabile principale che secondaria, la stazionarietà solo nell'intorno del punto x_0 su cui si stima la variabile principale. Nell'intorno di x_0 quindi, la componente deterministica o trend delle due variabili regionalizzate si mantiene costante ed è incognita. In tale ipotesi la stima della variabile principale nel punto generico x_0 diventa:

$$Z_1^*(x_0) = \sum_{i=1}^{n_1} \mu_i \left(Z_1(x_i) - m_1(x_0) \right) + \sum_{j=1}^{n_2} \lambda_j \left(Z_2(x_j) - \right.$$
$$\left. + m_2(x_0) \right) + m_1(x_0) \tag{7.32}$$

Imponendo la *condizione di non distorsione* è facile verificare che essa è sempre verificata per qualsiasi valore dei pesi μ_i e λ_j:

$$E\left[Z_1^*(x_0) - Z_1(x_0) \right] = \sum_{i=1}^{n_1} \mu_i E\left[Z_1(x_i) \right] + \sum_{j=1}^{n_2} \lambda_j E\left[Z_2(x_j) \right] +$$
$$+ m_1(x_0) \left(1 - \sum_{i=1}^{n_1} \mu_i \right) - \sum_{j=1}^{n_2} \lambda_j m_2(x_0) - E[Z_1(x_0)]$$

tuttavia, non conoscendo il valore atteso di $Z_1(x_0)$ e di $Z_2(x_0)$ possiamo filtrare $E[Z_1(x_0)]$ e $E[Z_2(x_0)]$ imponendo la seguente condizione per i pesi:

$$\sum_{i=1}^{n_1} \mu_i = 1 \qquad\qquad \sum_{j=1}^{n_2} \lambda_j = 0 \tag{7.33}$$

Pertanto, dalla (7.32) si ottiene la stima della variabile principale nel punto x_0 come combinazione lineare fra le misure della variabile principale e secondaria e i corrispondenti pesi:

$$Z_1^*(x_0) = \sum_{i=1}^{n_1} \mu_i Z_1(x_i) + \sum_{j=1}^{n_2} \lambda_j Z_2(x_j) \tag{7.34}$$

La *condizione di ottimalità* garantisce la migliore stima di $Z_1^*(x_0)$ quindi si impone che la varianza estimativa sia minima ovvero che lo scarto quadrato medio fra la stima ed il valore esatto sia minimo:

$$\sigma_R^2 = Var\left[Z_1^*(x_0) - Z_1(x_0)\right] = min$$

sviluppando la condizione di ottimalità rispetto alle VR $Z_1(x_i)$ e $Z_2(x_i)$ secondo la ((7.32)) si ottiene:

$$\sigma_R^2 = E\left\{\left[\sum_{i=1}^{n_1} \mu_i Z_1(x_i) + \sum_{j=1}^{n_2} \lambda_j Z_2(x_j) - Z_1(x_0)\right]^2\right\}$$

$$= E\left\{\sum_{i=1}^{n_1}\sum_{k=1}^{n_1} \mu_i \mu_k Z_1(x_i) Z_1(x_k) + \sum_{j=1}^{n_2}\sum_{l=1}^{n_2} \lambda_j \lambda_l Z_2(x_j) Z_2(x_l) + \right.$$

$$+ 2\sum_{i=1}^{n_1}\sum_{j=1}^{n_2} \mu_i \lambda_j Z_1(x_i) Z_2(x_j) - 2\sum_{i=1}^{n_1} \mu_i Z_1(x_i) Z_1(x_0) +$$

$$\left. - 2\sum_{j=1}^{n_2} \lambda_j Z_2(x_j) Z_1(x_0) + Z_1^2(x_0)\right\}$$

dalla definizione di covarianza e di covarianza incrociata di variabili regionalizzate si ottiene:

$$\sigma_R^2 = \sum_{i=1}^{n_1} \sum_{k=1}^{n_1} \mu_i \mu_k \left(Cov_{11}(x_i, x_k) + m_1^2\right) +$$

$$+ \sum_{j=1}^{n_2} \sum_{l=1}^{n_2} \lambda_j \lambda_l \left(Cov_{22}(x_j, x_l) + m_2^2\right) +$$

$$+ 2 \sum_{i=1}^{n_1} \sum_{j=1}^{n_2} \mu_i \lambda_j \left(Cov_{12}(x_i, x_j) - m_1 m_2\right) +$$

$$- 2 \sum_{i=1}^{n_1} \mu_i \left(Cov_{11}(x_i, x_0) + m_1^2\right) +$$

$$- 2 \sum_{j=1}^{n_2} \lambda_j \left(Cov_{21}(x_j, x_0) + m_1 m_2\right) + \left(Cov_{11}(x_0, x_0) + m_1^2\right)$$

$$(7.35)$$

per le condizioni trovate per i pesi μ_i e λ_j si ha:

$$\sigma_R^2 = \sum_{i=1}^{n_1} \sum_{k=1}^{n_1} \mu_i \mu_k Cov_{11}(x_i, x_k) + \sum_{j=1}^{n_2} \sum_{l=1}^{n_2} \lambda_j \lambda_l Cov_{22}(x_j, x_l) +$$

$$+ 2 \sum_{i=1}^{n_1} \sum_{j=1}^{n_2} \mu_i \lambda_j Cov_{12}(x_i, x_j) - 2 \sum_{i=1}^{n_1} \mu_i Cov_{11}(x_i, x_0) +$$

$$- 2 \sum_{j=1}^{n_2} \lambda_j Cov_{21}(x_j, x_0) + Cov_{11}(x_0, x_0)$$

$$(7.36)$$

I pesi μ_i e λ_j dell'Ordinary Cokriging che minimizzano la varianza estimativa (7.35) vengono ottenuti imponendo che la derivata della varianza estimativa si annulli. Poichè il sistema algebrico corrispondente è formato anche dalle due equazioni ottenute per filtrare le medie delle due variabili (7.33)si hanno $n_1 + n_2$ incognite e $n_1 + n_2 + 2$ equazioni rendendo il sistema indeterminato. Il

problema viene risolto mediante i moltiplicatori di Lagrange, ovvero introducendo due nuove variabili di Lagrange $2v_1$ e $2v_2$ e
sommando alla prima $2v_1 \left(\sum_{i=1}^{n_1} \mu_i - 1 \right)$ e alla seconda equazione
$2v_2 \left(\sum_{j=1}^{n_2} \lambda_j \right)$:

$$\frac{\partial \sigma_R^2}{\partial \mu_i} = 2 \sum_{k=1}^{n_1} \mu_k \mathrm{Cov}_{11}(x_i, x_k) + 2 \sum_{j=1}^{n_2} \lambda_j \mathrm{Cov}_{12}(x_i, x_j) -$$
$$+ 2\mathrm{Cov}_{11}(x_i, x_0) + 2v_1$$

$$\frac{\partial \sigma_R^2}{\partial \lambda_j} = 2 \sum_{l=1}^{n_2} \lambda_l \mathrm{Cov}_{22}(x_j, x_l) + 2 \sum_{i=1}^{n_1} \mu_i \mathrm{Cov}_{12}(x_i, x_j) -$$
$$+ 2\mathrm{Cov}_{21}(x_j, x_0) + 2v_2$$

Imponendo pari a zero le derivate delle varianze estimative si
ottiene il sistema algebrico dell'Ordinary Cokriging. Pertanto il
sistema del Simple Cokriging diventa:

$$
\begin{cases}
\sum_{k=1}^{n_1} \mu_k \mathrm{Cov}_{11}(x_i, x_k) + \sum_{j=1}^{n_2} \lambda_j \mathrm{Cov}_{12}(x_i, x_j) + v_1 = \\
\qquad = \mathrm{Cov}_{11}(x_i, x_0) \\
\sum_{i=1}^{n_1} \mu_i \mathrm{Cov}_{12}(x_i, x_j) + \sum_{l=1}^{n_2} \lambda_l \mathrm{Cov}_{22}(x_j, x_l) + v_2 = \\
\qquad = \mathrm{Cov}_{21}(x_j, x_0) \\
\sum_{i=1}^{n_1} \mu_i = 1 \\
\sum_{j=1}^{n_2} \lambda_j = 0
\end{cases}
\tag{7.37}
$$

La stima della variabile principale nel punto x_0 effettuata attraverso la soluzione del sistema (7.37) produce una varianza esti-

mativa minima che può essere calcolata sostituendo le (7.37) nella (7.35):

$$\sigma_R^2(x_0) = -\sum_{i=1}^{n_1} \mu_i \text{Cov}_{11}(x_i, x_0) - \sum_{j=1}^{n_2} \lambda_j \text{Cov}_{21}(x_j, x_0) + $$
$$+ \text{Cov}_{11}(x_0, x_0) - v_1 \tag{7.38}$$

7.4.3 *Kriging con External Drift*

Introdotto dal gruppo di Matheron a Fontainebleau, in Francia, e applicato in molti studi [Ahmed e de Marsily, 1987; Delhomme, 1979; Galli e Meunier, 1987; Moinard, 1987; Troisi, Fallico, Straface et al., 2000], il Kriging con External Drift è molto utile quando i dati sperimentali per la variabile principale, $Z_1(x)$, non sono sufficienti; mentre sono disponibili dati in quantità maggiore per la variabile secondaria $Z_2(x)$, che essendo correlata con la prima fornisce una buona immagine della struttura di quest'ultima. Questo metodo non è altro che un'estensione dell'algoritmo dell'Universal kriging o Kriging con Trend, e come mostrato sotto, è basato sulle nuove forme che le condizioni di non distorsione e ottimalità del kriging assumono nella correlazione tra la variabile principale e quella secondaria. Le basi di questa metodologia consistono nell'esprimere il valore atteso condizionato della variabile principale come una funzione lineare della variabile secondaria [Troisi, Fallico, Straface et al., 2000]:

$$E\left[Z_1(x_i)\right] = aZ_2(x_i) + b \tag{7.39}$$

Scrivendo lo stimatore kriging, nella sua forma usuale, nel generico punto x_0 per la variabile $Z_1(x_0)$,

$$Z_1^*(x_0) = \sum_{i=1}^{n} \lambda_i Z_1(x_i)$$

dove n è il numero di dati disponibili per Z_1 e Z_2; pertanto, la *condizione di non distorsione* è data in questo caso da:

$$E[Z_1^*(x_0) - Z_1(x_0)] = 0$$

oppure

$$E\left[\sum_{i=1}^{n} \lambda_i Z_1(x_i) - Z_1(x_0)\right] = 0$$

Utilizzando l'equazione (7.39) si ottiene:

$$a\left\{\sum_{i=1}^{n} \lambda_i Z_2(x_i) - Z_2(x_0)\right\} + b\left\{\sum_{i=1}^{n} \lambda_i - 1\right\} = 0 \qquad (7.40)$$

La (7.40), affinché a e b siano costanti e non nulli, implica la necessità di due condizioni:

$$\sum_{i=1}^{n} \lambda_i = 1$$

$$\sum_{i=1}^{n} \lambda_i Z_2(x_i) = Z_2(x_0) \qquad (7.41)$$

La seconda equazione delle (7.41) rappresenta la nuova condizione di stima non distorta, che dipende dalla variabile secondaria, mentre la prima è identica alla condizione di non distorsione del kriging. La *condizione di ottimalità* della stima è ottenuta, come sempre, minimizzando la varianza estimativa:

$$\sigma_R^2 = Var[Z_1^*(x_0) - Z_1(x_0)] = min$$

che attraverso l'utilizzo dei coefficienti di Lagrange (v_1 e v_2) per tener conto delle (7.41), diventa:

$$\sigma_R^2 = \text{Var}\left[Z_1^*(x_0) - Z_1(x_0)\right] + 2v_1\left[\sum_{i=1}^{n} \lambda_i - 1\right] +$$

$$+ 2v_2\left[\sum_{i=1}^{n} \lambda_i Z_2(x_i) - Z_2(x_0)\right] = \min$$

Come fatto per il Simple e l'Ordinary Kriging, imponendo pari a zero le derivate di questa espressione rispetto a λ_i, v_1 e v_2 si ottiene il seguente sistema:

$$\begin{cases} \sum_{i=1}^{n} \lambda_i \gamma(x_i, x_j) - v_1 - v_2 Z_2(x_j) = \gamma(x_j, x_0) \\[2em] \sum_{i=1}^{n} \lambda_i = 1 \\[2em] \sum_{i=1}^{n} \lambda_i Z_2(x_i) = Z_2(x_0) \end{cases} \qquad (7.42)$$

dove $\gamma(x_i, x_j)$ è il valore della funzione variogramma, modellante la distribuzione spaziale di $Z_1(x)$, per il generico vettore spaziale $x_i - x_j$, e $\gamma(x_i, x_0)$ è la stessa funzione per il vettore spaziale $x_i - x_0$, dove x_0 è il generico punto dove la stima di Z_1 deve essere ottenuta.

Dalle equazioni del sistema (7.42) si evincono i requisiti affinché il Kriging con External Drift possa essere implementato:

- La variabile esterna $Z_2(x)$ deve variare nello spazio uniformemente, altrimenti il sistema risultante potrebbe essere instabile;

- La variabile esterna $Z_2(x)$ deve essere nota in tutti i punti dove abbiamo i valori della variabile principale $Z_1(x)$ e in tutti i punti dove desideriamo avere la sua stima.

7.4.4 *Kriging con regressione lineare*

Proposto da Delhomme [1978] , il metodo consiste nell'accettare un modello di regressione lineare tra Z e Y,

$$Z(x) = aY(x) + b$$

sulla base dei dati relativi agli l punti di osservazioni di entrambe le variabili Z_i e Y_i, allo scopo di stimare i valori di Z negli $(m - n)$ punti dove esistono solo misure di Y. Il processo di stima sarà quindi supportato da un campione di dimensione (m) più consistente. I valori di Z in $m - n$ punti derivanti dalla regressione lineare non sono da assumere come misure vere e proprie, ma da considerare alla maniera di dati sperimentali "non attendibili", caratterizzati da errori di misura, esprimibili dalla varianza estimativa del modello di regressione lineare:

$$\sigma_j^2 = \sigma_e^2 \left[1 + \frac{1}{l} + \left(\frac{(Y_j - \bar{Y})^2}{\sum_{i=1}^{l}(Y_j - \bar{Y})^2} \right) \right] \qquad J = n+1, \ldots m \quad (7.43)$$

dove

$$\bar{Y} = \frac{1}{l} \sum_{i=1}^{l} Y_i$$

mentre σ_e^2 è data da:

$$\sigma_e^2 = \frac{1}{l-2} \left(\sum_{i=1}^{l} (Z_i - aY_i - b)^2 \right)$$

Per tener conto dei dati sperimentali di Z "non attendibili", si assume che ogni realizzazione Z_i della VR $Z(x)$ sia ottenuta dalla somma di due termini, $v(x)$ valore reale ed $e(x)$ errore:

$$Z_i = v(x_i) + e(x_i)$$

dove gli errori $e(x_i)$ siano:

$$\begin{cases} \text{non sistematici:} & E[e(x_i)] = 0 \\ \text{scorrelati fra loro:} & Cov[e(x_i), e(x_j)] = 0 \quad \forall i, j \\ \text{scorrelati dalla variabile:} & Cov[e(x_i), v(x_i)] = 0 \quad \forall i \end{cases}$$

Poiché in un generico punto x_0 si desidera stimare la parte reale $v(x_0)$ della realizzazione della VR $Z(x)$, in base agli m valori campionari $Z(x_i)$, avremo:

$$v^*(x_0) = \sum_{i=1}^{m} \lambda_i Z_i = \sum_{i=1}^{m} \lambda_i (v_i + e_i)$$

dalla condizione di correttezza:

$$E[v^*(x_0) - v(x_0)] = 0$$

si ottiene l'identica equazione del kriging ordinario:

$$\sum_{i=1}^{m} \lambda_i = 1 \qquad (7.44)$$

L'altra condizione di ottimalità provoca invece alcune modifiche al sistema del kriging, infatti:

$$\begin{aligned} \sigma_v^2 = Var\left[v^*(x_0) - v(x_0) \right] &= Var\left[\sum \lambda_i v_i + \sum \lambda_i e_i - v(x_0) \right] \\ &= Var\left[\sum \lambda_i v_i - v(x_0) \right] + Var\left[\sum \lambda_i e_i \right] \\ &= Var\left[\sum \lambda_i v_i - v(x_0) \right] + \sum \lambda_i^2 \sigma_i \end{aligned}$$

dalla quale, attraverso il concetto di minimizzazione, otteniamo:

$$\sum_{i=1}^{m} \lambda_i \gamma_{ij} - \lambda_i \sigma_i^2 + v = \gamma_{i0} \qquad (7.45)$$

dove al solito $\gamma_{ij} = \gamma(h) = \gamma(x_i - x_j)$.

Le equazioni (7.44) e (7.45) costituiscono il nuovo sistema kriging per l'attuazione della stima di $Z(x)$ su D, nelle $(m + 1)$ incognite $(\lambda_i$ e $v)$ ed in cui σ_i^2 è data dalla (7.43) oppure è nulla a seconda che il termine noto della $i - esima$ equazione sia dato da una misura "non attendibile" o "attendibile", rispettivamente. È importante notare che l'inferenza del variogramma modello, contrariamente alle stime, viene operata esclusivamente sulla base delle misure certe. Differentemente, non si potrebbe assumere l'ipotesi di scorrelazione reciproca tra gli errori $e(x_i)$.

7.5   TECNICHE GEOSTATISTICHE A CONFRONTO

Per valutare quale, tra le metodologie geostatistiche sopra esposte, garantisce una migliore adeguatezza e funzionalità agli obbiettivi della caratterizzazione, risulta utile eseguire fra loro una analisi comparativa. Essa per essere completa e corretta dovrebbe basarsi sui risultati prodotti dall'applicazione di ciascuna ad un caso concreto comune. Ciò però devierebbe troppo dalle finalità di questo lavoro, pertanto il confronto verterà su aspetti riguardanti la loro solidità teorica e la loro messa in pratica anche alla luce dello sforzo computazionale necessario. Per quanto concerne la solidità teorica, il metodo che presenta il fondamento teorico migliore è il Cokriging in quanto la natura della correlazione tra variabile principale e secondaria non è intaccata da nessuna ipotesi iniziale e grazie al variogramma incrociato tiene in dovuto conto il grado di tale correlazione.

Diversamente, il kriging combinato con la regressione lineare semplifica a priori il legame tra Z_1 e Z_2 e l'affidabilità delle stime risentono dell'approssimazione introdotta nella fase preliminare.

Infine, il kriging con deriva esterna assume anche una correlazione in fase preliminare, ma produce conseguenze solo nella fase finale della procedura, cosicché l'effetto complessivo e meno pregiudicante. In questa tecnica, l'ipotesi che la struttura spaziale della variabile secondaria $Z_2(x)$ sia corrispondente a quella della principale $Z_1(x)$, produce un comportamento della $Z_2(x)$ la cui tendenza riflette la variabilità della $Z_2(x)$.

Pertanto, la validità dei risultati è strettamente connessa alla vicinanza, dal punto di vista chimico- fisico, esistente tra le due variabili. Rispetto alla praticabilità del metodo e dello sforzo computazionale richiesto, possiamo affermare che per il:

- Kriging combinato con regressione lineare:
    1. l'applicabilità si verifica soltanto quando le variabili sono al massimo due.
    2. se il legame fisico-chimico delle due variabili in esame è piuttosto debole, risulta più difficile individuare la retta di regressione, dalla quale si estrapolano dati campioni per la variabile principale inevitabilmente affetti da grossolane approssimazioni.
    3. Lo sforzo computazionale richiesto è modesto: poco più di quello per un kriging ordinario.

- Cokriging:
    1. è uno strumento in grado di sfruttare tutti i dati disponibili in un sito, di qualsiasi natura essi siano.
    2. Esige un consistente numero di punti di misura comuni tra le variabili osservate per effettuare l'inferenza dei variogrammi incrociati.
    3. lo sforzo computazionale da sostenere è piuttosto elevato, e cresce in modo considerevole con il numero delle variabili.

- Kriging con External Drift:
    1. analogamente al cokriging, riesce a lavorare con più variabili [Straface, Rizzo et al., 2010].
    2. non richiede alcuna struttura di correlazione, come il variogramma incrociato o retta di regressione, ma le variabili d'interesse devono essere fra di loro linearmente dipendenti e perciò abbisogna di punti di misura comune.
    3. per la variabile secondaria è richiesto un campionamento particolarmente attento ed esteso.
    4. L'applicazione richiede uno sforzo computazionale contenuto. Consiste nell'applicare il kriging ordinario un numero di volte pari alle variabili secondarie.

Da tali considerazioni possiamo concludere che il Kriging con External Drift è lo strumento geostatistico che riesce meglio degli altri a riunire qualità e concretezza quando si tratta di caratterizzare un determinato parametro, utilizzando dati di attributi differenti. L'unico vincolo all'applicabilità del Kriging con External Drift, resta quello di un legame lineare tra la variabile principale e quella secondaria.

CONCETTI BASE DI IDRAULICA

A.1 L'EQUAZIONE INDEFINITA DI CONTINUITÀ DEI FLUIDI

Il vettore velocità **v**, all'istante t, in un punto generico del dominio di moto D(x,y,z,t) ha componenti:

$$u = \frac{dx}{dt}; \quad v = \frac{dy}{dt}; \quad w = \frac{dz}{dt}$$

Il moto è definito quando è nota la distribuzione delle velocità nel dominio spazio-temporale definito, ovvero quando è nota la funzione v = v(x,y,z,t). Si consideri un volume elementare infinitesimo:

Attraverso la faccia di normale x entra nel volume elementare la massa $\rho u \, dy \, dz \, dt$, contemporaneamente nello stesso intervallo di tempo dalla faccia opposta esce la massa $\left(\rho u + \frac{\partial(\rho u)}{\partial x}\right) dx \, dy \, dz \, dt$; la quantità $\frac{\partial(\rho u)}{\partial x} dx \, dy \, dz \, dt$ è l'eccedenza della massa uscente rispetto a quella entrante, lo stesso avviene sulle restanti coppie di facce, per cui si avrà un incremento di massa pari a: (A.1)

$$\left(\frac{\partial(\rho u)}{\partial x} + \frac{\partial(\rho v)}{\partial y} + \frac{\partial(\rho w)}{\partial z}\right) dx \, dy \, dz \, dt \qquad (A.1)$$

Per il principio di conservazione di massa, la massa entrante meno la massa uscente è pari alla variazione della densità del fluido:

$$\frac{\partial(\rho u)}{\partial x} + \frac{\partial(\rho v)}{\partial y} + \frac{\partial(\rho w)}{\partial z} + \frac{\partial \rho}{\partial t} = 0 \qquad (A.2)$$

oppure in forma compatta:

$$\nabla \cdot (\rho \underline{v}) + \frac{\partial \rho}{\partial t} = 0 \qquad (A.3)$$

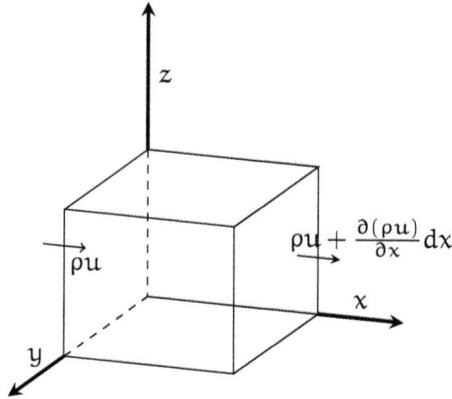

Figura A.1: Volume elementare

ricordando la regola di derivazione euleriana:

$$\frac{d\rho}{dt} = \frac{\partial\rho}{\partial t} + u\frac{\partial\rho}{\partial x} + v\frac{\partial\rho}{\partial y} + w\frac{\partial\rho}{\partial z} \qquad (A.4)$$

si ha quindi l'equazione indefinita di continuità dei fluidi

$$\frac{d\rho}{dt} + \rho\nabla\cdot(\underline{v}) = 0 \qquad (A.5)$$

che per fluidi incomprimibili diventa:

$$\nabla\cdot(\underline{v}) = 0 \qquad (A.6)$$

A.2   EQUAZIONE INDEFINITA DEL MOTO

Sia $O(x, y, z)$ un generico punto del dominio di moto $D(x, y, z)$ al quale compete, nel generico istante t, una velocità $\underline{v}$, una accelerazione $\underline{a}$ ed una densità ρ. Si consideri un parallelepipedo elementare:

Per la massa $dm = \rho dx\, dy\, dz$ contenuta nel volume supposto vale la prima equazione cardinale della dinamica: $d\underline{R} = \underline{a}\cdot dm$

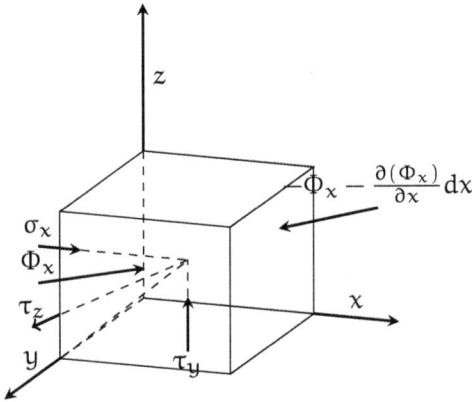

avendo inteso con $d\underline{R}$ la risultante delle forze di massa e delle forze di superficie:

$$d\underline{R} = d\underline{G} + d\underline{\Phi} \tag{A.7}$$

dove G è la forza peso e $d\underline{\Phi}$ rappresenta la risultante degli sforzi trasmessi, alla massa supposta, dal fluido circostante attraverso la superficie del contorno del parallelepipedo.

Se $\underline{\Phi}_x$ è lo sforzo risultante su un elemento piano normale all'asse x, la spinta sulla prima faccia vale: $\underline{\Phi}_x dy\, dz$ mentre sulla faccia opposta vale $-\left(\underline{\Phi}_x + \left(\frac{\partial \underline{\Phi}_x}{\partial x}\right)dx\right)$, sarà: $-\frac{\partial \underline{\Phi}_x}{\partial x} dx\, dy\, dz$ la loro risultante ed estendendo il ragionamento alle rimanenti coppie di facce del parallelepipedo si avrà:

$$d\underline{\Phi} = -\left(\frac{\partial \underline{\Phi}_x}{\partial x} + \frac{\partial \underline{\Phi}_y}{\partial y} + \frac{\partial \underline{\Phi}_z}{\partial z}\right) \tag{A.8}$$

la prima equazione cardinale della dinamica diventa:

$$\rho(\underline{f} - \underline{a}) = \frac{\partial \underline{\Phi}_x}{\partial x} + \frac{\partial \underline{\Phi}_y}{\partial y} + \frac{\partial \underline{\Phi}_z}{\partial z} \tag{A.9}$$

che rappresenta l'equazione indefinita del moto. Tale equazione indefinita del moto in termini scalari diventa:

$$\rho\left(\underline{f}_x - \frac{du}{dt}\right) = \frac{\partial\sigma_x}{\partial x} + \frac{\partial\tau_y}{\partial y} + \frac{\partial\tau_z}{\partial z}$$

$$\rho\left(\underline{f}_y - \frac{dv}{dt}\right) = \frac{\partial\tau_z}{\partial x} + \frac{\partial\sigma_y}{\partial y} + \frac{\partial\tau_x}{\partial z} \qquad\text{(A.10)}$$

$$\rho\left(\underline{f}_z - \frac{dw}{dt}\right) = \frac{\partial\tau_y}{\partial x} + \frac{\partial\tau_x}{\partial y} + \frac{\partial\sigma_z}{\partial z}$$

Lo stato di sforzo è definito dalle tre componenti tangenziali τ_x, τ_y τ_z, e dalle tre componenti normali σ_x, σ_y e σ_z; queste ultime in generale assumono valori differenti ma la loro somma è una invariante e cioè è identica per tutte le terne di assi con vertice nel generico punto considerato.

Se si assume che il fluido è perfetto, ovvero caratterizzato da uno stato di sforzo identico a quello di fluido in quiete e quindi componenti tangenziali nulle e normali eguali fra loro ($p = 1/3(\sigma_x + \sigma_y + \sigma_z)$), l'equazione indefinita del moto si semplifica nella seguente:

$$\rho(\underline{f} - \underline{a}) = \nabla p \qquad\text{(A.11)}$$

tale equazione è detta equazione di Eulero.

Per definire l'equazione del moto occorre stabilire, a mezzo delle costatazioni sperimentali e delle caratteristiche degli sforzi, i legami della velocità, alle quali è connessa la deformazione che subisce il fluido in movimento. Per poter sviluppare tali relazioni occorre richiamare alla memoria la legge di Newton necessaria per introdurre il concetto di viscosità:

$$\tau_x = \mu\frac{d\gamma_x}{dt} = -\mu\left(\frac{\partial v}{\partial z} + \frac{\partial w}{\partial y}\right)$$

$$\tau_y = \mu\frac{d\gamma_y}{dt} = -\mu\left(\frac{\partial w}{\partial x} + \frac{\partial u}{\partial z}\right) \qquad\text{(A.12)}$$

$$\tau_z = \mu\frac{d\gamma_z}{dt} = -\mu\left(\frac{\partial u}{\partial y} + \frac{\partial v}{\partial x}\right)$$

Saint Venant nel 1843 e Stockes nel 1845 assumendo la linearità fra gli sforzi e la velocità di deformazione, conformemente alla legge di Newton, scrissero:

$$\sigma_x - p = -2\mu\frac{\partial u}{\partial x} + \frac{2}{3}\mu \operatorname{div} \mathbf{v}$$

$$\sigma_y - p = -2\mu\frac{\partial v}{\partial y} + \frac{2}{3}\mu \operatorname{div} \mathbf{v} \qquad (A.13)$$

$$\sigma_z - p = -2\mu\frac{\partial w}{\partial z} + \frac{2}{3}\mu \operatorname{div} \mathbf{v}$$

Introducendo le equazioni (A.12) e (A.13) nell'equazione indefinita del moto si ottiene l'equazione indefinita del moto di un fluido viscoso (equazione di Navier-Stokes) che traduce il secondo principio della dinamica Newtoniana per un fluido in moto mettendo in relazione cause e caratteri cinematici del moto stesso:

$$\rho\left(f - \frac{dv}{dt}\right) = \nabla p - \mu\nabla^2 \mathbf{v} - \frac{1}{3}\mu\nabla(\nabla v) \qquad (A.14)$$

Il moto di un fluido viscoso all'interno di un mezzo poroso è retto analogamente dall'equazione di Navier-Stockes. Tuttavia, se per un volume fluido in moto, ad esempio, in una condotta, l'integrazione dell'equazione di Navier-Stockes è immediata, per un volume fluido in moto in un mezzo poroso tale integrazione è praticamente impossibile, poiché la geometria su scala microscopica dei canalicoli all'interno dei quali avviene il moto è estremamente complessa e impossibile da descrivere. Queste difficoltà nello studio del moto di un fluido all'interno di un mezzo poroso sono state superate dall'introduzione del concetto di Volume Rappresentativo Elementare (REV).[1] Introdurre il concetto di REV praticamente significa:

1. mediare le proprietà fisiche e idrauliche del mezzo poroso sul REV, passando da proprietà microscopiche a proprietà macroscopiche,

---

1 REV è l'acronimo della terminologia anglosassone Representative Elementary Volume.

2. assumere tali proprietà macroscopiche come proprietà "puntuali".

Analogamente alla funzione del concetto di particella fluida per un fluido, allora, il concetto di REV serve a vedere il mezzo poroso come un sistema continuo, le cui proprietà fisiche e idrauliche sono funzioni continue, per le quali, cioè, ha senso dire che con continuità assumono valori da "punto" a "punto" del mezzo poroso. In altri termini, la reale geometria del mezzo poroso, impossibile da descrivere su scala microscopica, viene sostituita da un continuo concettuale in cui le proprietà fisiche sono proprietà macroscopiche (cioè mediate sul REV) e quindi funzioni continue dei punti (x, y, z) del mezzo poroso.

A.3   TEOREMA DI BERNOULLI

Si consideri un fluido perfetto, incomprimibile e soggetto alla sola forza di massa che deriva dal campo gravitazionale; in tali ipotesi è valida l'equazione di Eulero. Si ha inoltre dall'ipotesi di incomprimibilità:

$$\rho \underline{f} = -\rho g \nabla z = -\gamma g \nabla z = -\nabla(xy) \tag{A.15}$$

dividendo per γ l'equazione di Eulero diventa:

$$-\frac{1}{g}\underline{a} = \nabla\left(z + \frac{1}{g}\right) \tag{A.16}$$

scomponendo tale equazione vettoriale rispetto alla tangente (s), alla normale (n) ed alla binormale (b) si ottiene:

$$\frac{\partial}{\partial s}\left(z + \frac{p}{\gamma}\right) = -\frac{1}{g}\frac{dv}{dt}$$

$$\frac{\partial}{\partial s}\left(z + \frac{p}{\gamma}\right) = -\frac{v^2}{gr} \tag{A.17}$$

$$\frac{\partial}{\partial s}\left(z + \frac{p}{\gamma}\right) = 0$$

si consideri la prima equazione, da essa si dedurrà l'equazione di Bernoulli che sarà valida su ogni traiettoria $v = v(s(t), t)$: applicando la regola di derivazione euleriana si ha:

$$\frac{\partial}{\partial s}\left(z + \frac{p}{\gamma}\right) = -\frac{1}{g}\frac{\partial v}{\partial t} - \frac{1}{g}\frac{\partial}{\partial s}\left(\frac{v^2}{2}\right) \tag{A.18}$$

da cui ponendo $h = z + \frac{p}{\gamma} + \frac{v^2}{2g}$ si ottiene l'equazione di Bernoulli:

$$\frac{\partial}{\partial s}(h) = -\frac{1}{g}\frac{\partial v}{\partial t} \quad \text{in condizioni transitorie} \tag{A.19}$$

$$\frac{\partial}{\partial s}(h) = 0 \qquad \text{in condizioni stazionarie} \tag{A.20}$$

dove z è la quota geodetica, rappresenta quella parte di energia potenziale che compete all'unità di peso di fluido per il fatto che occupa una determinata posizione nel campo gravitazionale - (energia posizionale); $\frac{p}{\gamma}$ è l'altezza piezometrica, rappresenta quella parte di energia potenziale che compete all'unita di peso di fluido per il fatto che occupa una determinata posizione all'interno del fluido e quindi perché soggetta ad una data pressione - (energia di pressione); $\frac{v^2}{2g}$ è detta altezza cinetica, rappresenta quella parte di energia meccanica che compete all'unità di peso di fluido a causa della sua velocità - (energia cinetica). La quantità $z + \frac{p}{\gamma} + \frac{v^2}{2g}$ è detta trinomio di Bernoulli, mentre il binomio $z + \frac{p}{\gamma}$ rappresenta la quota piezometrica.

B

Saranno richiamati brevemente quei concetti di base della statistica che torneranno utili per la trattazione della geostatistica. Sarà seguita una impostazione ingegneristica in luogo della trattazione assiomatica derivante dalla teoria delle probabilità, in quanto la prima, sebbene meno rigorosa, è certamente più comprensibile. È, tuttavia, demandato al lettore colmare eventuali lacune in proposito, in particolare a quanti non comprendessero il senso di concetti come *probabilità* e *calcolo delle probabilità*.

B.1 VARIABILE ALEATORIA, FUNZIONE E DENSITÀ DI PROBABILITÀ

Si definisce variabile aleatoria [VA] una variabile Z suscettibile di assumere valori o realizzazioni

$$z_i, \qquad i = 1, 2 \dots N$$

in accordo ad una data distribuzione di probabilità. Quando il numero delle realizzazioni possibili per Z è finito, si parla di VA discreta e dovrà risultare:

$$p_i \geqslant 0$$

$$\sum_{i=1}^{n} p_i = 1$$

dove p_i rappresenta la probabilità che Z assuma un assegnato valore z_i.

Quando il numero delle realizzazioni possibili per Z è infinito si parla di VA continua e la sua distribuzione di probabilità è data dalla funzione di distribuzione cumulata [FDC], la quale esprime

la probabilità che Z sia minore od uguale ad un assegnato valore
z:

$$F(z) = \text{Prob}\{Z \leqslant z\} \in [0,1] \tag{B.1}$$

Sia $F(z)$ una funzione continua e derivabile. La sua derivata è
detta funzione densità di probabilità [FDP]:

$$f(z) = \frac{dF(z)}{dz} \tag{B.2}$$

si ottiene:

$$f(z)dz = dF(z) \tag{B.3}$$

nota come probabilità elementare nel caso di VA continua in evidente analogia con il termine p_i visto nel caso di VA discreta. Tuttavia per una VA continua non avrebbe senso parlare di probabilità che la VA Z assuma un assegnato valore z, mentre ha senso
parlare di probabilità che la VA Z assuma un valore prossimo a
z, vale a dire di probabilità che Z assuma una valore compreso
nell'intervallo $[z, z+dz]$ con $dz \to 0$
Dunque:

$$\text{Prob}\{Z \in [z, z+dz]\} = \lim_{dz \to 0}\{F(z+dz) - F(z)\} = dF(z) = f(z)dz \tag{B.4}$$

Quindi, integrando la FDP tra z_1 e z_2:

$$\text{Prob}\{Z \in [z_1, z_2]\} = \int_{z_1}^{z_2} f(z)dz = F(z_2) - F(z_1) \tag{B.5}$$

Integrando la FDP tra $(-\infty, z_1)$ si ha

$$\text{Prob}\{Z \leqslant z_1\} = \int_{\infty}^{z_1} f(z)ds = F(z_1) \tag{B.6}$$

Il rapporto tra la FDC e la FDP è illustrato in Figura B.1

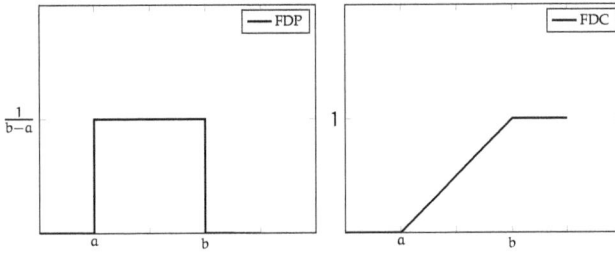

Figura B.1: Funzione densità di probabilità [FDP] e funzione di distribuzione cumulata [FDC]

È altresì evidente che la FDC $F(z)$ gode delle seguenti proprietà:

$$F(z) \in [0, 1] \forall z \qquad \text{(B.7a)}$$

$$F(-\infty) = 0; \quad F(+\infty) = 1 \qquad \text{(B.7b)}$$

$$F(a) \leqslant F(b) \text{se} \quad a < b \qquad \text{(B.7c)}$$

cioè è una funzione monotona

$$\text{Prob}\{Z \in [a, b]\} = F(b) - F(a) \qquad \text{(B.7d)}$$

B.2 MEDIANA. QUANTILI E PERCENTILI

Nella Figura B.2 sono evidenziate le grandezze M e m. La prima è detta mediana, la seconda è detta media. Riguardo alla mediana si può dire subito che è il valore di Z corrispondente al valore centrale delle ordinate $F(z)$. Riguardo alla media si può dire subito che corrisponde al valore centrale delle ascisse Z nel diagramma della FDP $f(z)$. Della media ci occuperemo meglio nel paragrafo successivo. In quanto alla mediana, essa più rigorosamente è definita come lo 0.5-quantile di $F(z)$, dove per generico p-quantile di $F(z)$ si intende il valore z_p di Z tale che

$$F(z_p) = p \quad \in [0, 1] \qquad \text{(B.8)}$$

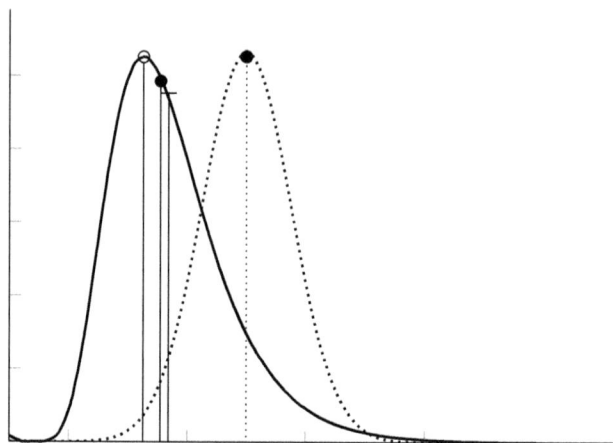

Figura B.2: Moda (○), media (●) e mediana (–) in una log-normale (linea continua) e in una gaussiana (linea tratteggiata) coincidenti in questo caso nello stesso nodo (●).

cioè il valore z_p di Z che ha la probabilità p di non essere superato.
Definendo la funzione inversa $F^{-1}(p)$ della FDC si potrà quindi scrivere:

$$p - quantile\, z_p = F^{-1}(p) \quad con\, p \in [0, 1] \tag{B.9}$$

Di conseguenza per la mediana scriveremo:

$$z_{0.5} = 0.5 - quantile\, di\, F(z) = M = F^{-1}(0.5) \tag{B.10}$$

M, cioè, corrisponde al valore di Z che ha la probabilità 0.5 di non essere superato (o di essere superato).
Le stesse considerazioni si possono fare in termini di percentili quando la probabilità è espressa in termini percentuali. Si definisce: $p - percentile\, di\, F(z)$ come il valore z_p di Z che ha la probabilità p% $\in [0, 100]$ di non essere superato, cioè:

$$p - percentile\, z_p = F^{-1}(100p) \quad con\, p \in [0, 1] \tag{B.11}$$

Altri quantili o percentili d'interesse sono:

$$z_{0.25} = F^{-1}(0.25) \tag{B.12}$$

$$z_{0.75} = F^{-1}(0.75) \tag{B.13}$$

e si definisce intervallo interquartile I_q il seguente:

$$I_q \equiv [z_{0.25}; z_{0.75}] \tag{B.14}$$

B.3   VALORE ATTESO O MEDIA

Il valore atteso $E\{Z\} = m$ della VA Z è dato dalla sommatoria di tutte le realizzazioni possibili per Z ponderate con le rispettive probabilità elementari. Nel caso di VA discreta, pertanto:

$$E\{Z\} = m = \sum_{i=1}^{N} p_i z_i$$

Nel caso di VA continua:

$$E\{Z\} = \int_{-\infty}^{+\infty} z \, dF(z) = \lim_{N \to \infty} \sum_{k=1}^{N} z_k' [F(z_{k+1}) - F(z_k)] \tag{B.15}$$

con $z_k' \in [z_k, z_{k+1}]$

Da osservare che la (B.15) esprime anche il passaggio da una FDC, associata ad una VA continua, all'istogramma di frequenze cumulate associato ad una VA discreta e viceversa, se si assume ad es.

$$z_k' = \frac{z_{k+1} + z_k}{2}$$

Il valore atteso di una funzione $\varphi(z)$ di z, sarà dato analogamente da:

$$E\{\varphi(z)\} = \sum_{i=1}^{N} p_i \varphi(z_i) \tag{B.16}$$

nel caso di VA discreta e

$$E\{\varphi(z)\} = \int_{-\infty}^{+\infty} \varphi(z)f(z)dz \qquad (B.17)$$

nel caso di VA continua.

B.4 VARIANZA O MOMENTO CENTRATO SECONDO

La varianza di una VA Z è definita come deviazione quadratica attesa intorno al valore atteso $E\{Z\} = m$ della stessa VA Z ovvero:

$$Var\{Z\} = \sigma^2 = E\{[z - m]^2\} \geqslant 0$$

Pertanto:

$$Var\{Z\} = \sum_{i=1}^{N} p_i(z_i - m)^2$$

nel caso di VA discreta e

$$Var\{Z\} = \int_{-\infty}^{+\infty} (z - m)^2 f(z)dz$$

nel caso di VA continua.

In altri termini, se il valore atteso $E\{Z\} = m$ di una variabile aleatoria Z è il valore centrale delle possibili realizzazioni per Z, la varianza caratterizza la dispersione di tali realizzazioni attorno al suddetto valore centrale. La radice della varianza σ_Z è nota come deviazione standard.

Restando in argomento, un altro indice di dispersione della distribuzione dei valori assunti da Z attorno alla media m è dato dal grado di asimmetria che nel modo più semplice può essere espresso dallo scarto tra media e mediana $(m - M)$. Si parlerà di asimmetria positiva qualora risultasse $m > M$, il che corrisponde ad una FDP di Z con una coda verso i valori più alti di Z. Si parlerà, al contrario, di asimmetria negativa qualora risultasse $m < M$, il che corrisponde ad una FDP di Z con una coda verso i valori più bassi di Z.

B.5 PROPRIETÀ DELL'OPERATORE LINEARE VALORE ATTESO

Il valore atteso di una VA Z può essere visto come un operatore $E\{\}$. Quest'ultimo è un operatore lineare, giacché il valore atteso di una combinazione lineare di K VA

$$Z_1, Z_2, \ldots Z_K$$

è pari alla combinazione lineare dei valori attesi

$$E\{Z_1\}, E\{Z_2\}, \ldots E\{Z_K\}$$

delle K VA, cioè:

$$E\{\sum_k \phi_k Z_k\} = \sum_k \phi_k E\{Z_k\} \tag{B.18}$$

Ciò vale ovviamente anche per qualsiasi combinazione di funzioni $\phi(z)$:

$$E\{\phi_1(z) + \phi_2(z)\} = E\{\phi_1(z) + E\{\phi_2(z)\} \tag{B.19}$$

Si può quindi dimostrare che

$$\mathrm{Var}\{Z\} = E\{[Z - m]^2\} = E\{Z^2\} - m^2 \tag{B.20}$$

B.6 ALCUNI MODELLI PROBABILISTICI

Per modello probabilistico si intende una FDP di forma e caratteristiche note. Il modello più noto è il modello normale o gaussiano (Figura B.3)

La FDP del modello normale è data dalla seguente legge:

$$g(z) = \frac{1}{\sigma\sqrt{2\pi}} \exp\left[-\frac{1}{2}\left(\frac{z-m}{\sigma}\right)\right] \tag{B.21}$$

caratterizzata come si vede dal parametro σ ovvero la radice quadrata della varianza ($\mathrm{Var}\{z\}$) e da m la media $E\{z\}$.

La FDP gaussiana è simmetrica rispetto alla media e ammette valori negativi per una VA Z. Nello studio di molti fenomeni natu-

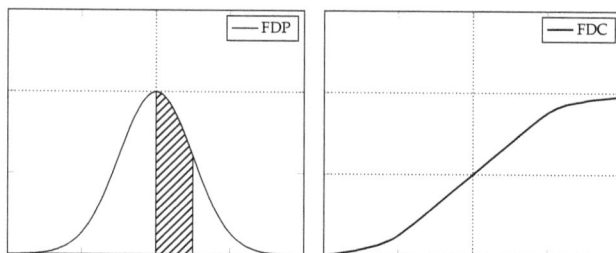

Figura B.3: FDP e FDC gaussiane

rali, invece, la distribuzione sperimentale di probabilità tende ad essere asimmetrica rispetto al valore atteso. Inoltre, non ha senso parlare di valori negativi di una grandezza associata allo studio di un dato fenomeno naturale. Varie trasformazioni del modello normale possono allora operarsi per assecondare i caratteri usuali dello studio dei fenomeni naturali, ovvero studiarlo come un modello lognormale (Figura B.4). Infatti, data una VA $Y > 0$, si dice che questa è distribuita lognormalmente se il suo logaritmo $X = \ln(Y)$ è distribuito normalmente. In sintesi:

$$Y > 0 \rightarrow \log N(m, \sigma^2) \quad \text{se} \quad X = \ln Y \rightarrow N(\alpha, \beta^2) \qquad (B.22)$$

La distribuzione lognormale è pure caratterizzata da due parametri come la media e la varianza, che possono essere sia la media e la varianza aritmetiche (m, σ^2) che la media e la varianza logaritmiche, ossia i parametri della trasformazione

$$X = \ln(Y)$$

E si può dimostrare che

$$
\begin{cases}
m_Y = e^{\alpha + \beta^2/2} \\
\sigma_Y^2 = m^2 \left[e^{\beta^2} - 1 \right]
\end{cases}
\qquad
\begin{cases}
\alpha = \ln(m_X) - \beta^2/2 \\
\beta^2 = \ln(1 + \dfrac{\sigma_X^2}{m_X^2})
\end{cases}
\qquad (B.23)
$$

La FDP $f(y)$ lognormale è una funzione asimmetrica positiva con una accentuata coda verso i valori più grandi di Y.

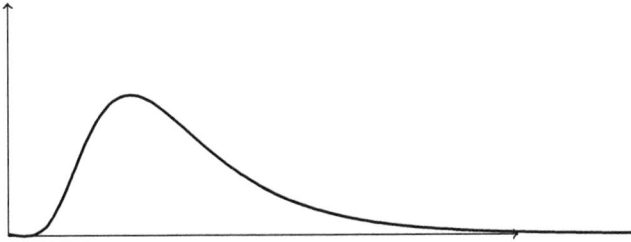

Figura B.4: FDP log-normale

B.7 IL PROCESSO DI INFERENZA STATISTICA

Per inferenza statistica si intende il processo di stima della distribuzione di probabilità di una VA sulla base di un campione di realizzazioni della VA stessa. Si immagini di voler studiare un fenomeno naturale cui è associata la VA X. Un modello probabilistico, ad es. il modello gaussiano o il modello lognormale, può essere ritenuto come la possibile interpretazione e descrizione teorica del fenomeno naturale in studio, mentre le osservazioni sperimentali e qualsiasi tipo di informazione disponibile a priori costituiscono la conoscenza parziale di esso. L'inferenza statistica tenta di riempire i vuoti di conoscenza del fenomeno, realizzando il passaggio tra conoscenza sperimentale parziale e compiuta conoscenza teorica. L'ipotesi-base dell'inferenza è che le osservazioni sperimentali siano generate da un modello probabilistico. Il problema dell'inferenza è scoprire qual è il modello probabilistico che ha generato le osservazioni sperimentali e che quindi risulta idoneo a descrivere compiutamente il fenomeno in studio. In genere, oggetto dell'inferenza statistica non sarà la stima dell'intero modello probabilistico ma solo dei parametri che lo caratterizzano pienamente, ad es. media e varianza qualora il modello gaussiano o lognormale sia preso in considerazione.

BIBLIOGRAFIA

Aguado, E., N. Sitar e I. Remson

    1977   «Sensitivity analisys in aquifer studies», *Water Resources Research*, 13, p. 733-737. (Citato a p. 121.)

Ahmed, S. e G. de Marsily

    1987   «Comparison of geostatistical methods for estimating transmissivity using data on transmissivity and specific capacity», *Water Resources Research*, 23, p. 1717-1737. (Citato a p. 210.)

Bear, J.

    1972   *Dynamic of fluid in porous media*, American Elsevier, New York. (Citato a p. 111.)

    1979   *Hydraulics of groundwater*, Mc Graw-Hill, New York. (Citato alle p. 54, 88.)

Bear, J., D. Zaslavsky e S. Irmay

    1968   *Physical Principles of Water Percolation and Seepage*, rapp. tecn., UNESCO, Paris. (Citato a p. 117.)

Bellin, A., P. Salandin e A. Rinaldo

    1992   «Dispersion in heterogeneous porous formations: statistics, first-order theories, convergence of computations», *Water Resources Research*, 28, 9, p. 2211-2227. (Citato a p. 113.)

Benfratello, G.

    1961   «Contributo allo studio del bilancio idrologico del terreno agrario», *L'Acqua*, 2. (Citato alle p. 12, 13.)

Blaney, H. F. e W. D. Criddle

    1950   *Determining water requirements in irrigated areas from climatological and irrigation data*, Soil Conservation Service Tech 96, also IASH General Assembly of Toronto, Vol. II, Publ. 44: 431–439, USDA, p. 48. (Citato alle p. 10, 11.)

Bourdet, D.

2002 *Well test analysis: the use of advanced interpretation models,* Elsevier Amsterdam, The Netherlands. (Citato a p. 146.)

Bouwer, H. e R. C. Rice

1976 «A slug test for determining hydraulic conductivity of unconfined aquifers with completely or partially penetrating wells», *Water Resour. Res.* 12, 3, p. 423. (Citato alle p. 158, 161, 163, 164.)

Brooks, R.H. e A.T.R. Corey

1964 *Hydraulic properties of porous media,* rapp. tecn., Colorado State University,Fort Collins, (Citato alle p. 60, 62, 64, 65.)

Brooks, R.J., D.N. Lerner e A.M. Tobias

1994 «Determining the range of predictions of a groundwater model wich arises from alternative calibrations», *Water Resources Research,* 30, p. 2993-3000. (Citato a p. 116.)

Burdine, N. T.

1953 «Relative Permeability Calculations from. Pore Size Distribution Data», *Trans. AIME,* 198, 71, (Citato alle p. 62, 63.)

Butler, J. J.

1998 *The design, performance, and analysis of slug tests,* ISBN 1566702305, Lewis Publisher CRC Press, University of Kansas. (Citato alle p. 151, 159.)

Carnap, R., H. Hahn e O. Neurath

1929 «The scientific conception of the world: the Vienna Circle», in *Empiricism and Sociology,* a cura di M. Neurath e R. H. Cohen, Reidel, p. 299-318. (Citato a p. 117.)

Castany, G.

1982 *Principes et méthodes de l'hydrogéologie,* Dunod, Paris. (Citato alle p. 9, 22, 24.)

Castellano, L.

    1993 «Moti di filtrazione di fluidi a due fasi o a due compo-
nenti. Sottomodelli e parametri di trasporto», in *Stima dei
parametri e modelli di moto e di inquinamento delle acque sotterranee*, a cura di S. Troisi, Ed. Bios, Cosenza. (Citato a
p. 113.)

Cavazza, L.

    1981 *Fisica del terreno agrario*, UTET, Torino, Italy. (Citato a p. 13.)

Caziani, R. e R. Cossu

    1985 «Valutazione della quantità di percolato prodotta in uno
scarico controllato», *Ingegneria Ambientale*, 14. (Citato a
p. 14.)

CGWB

    1982 *Manual on evaluation of aquifer parameters*, rapp. tecn., Go-
vernment of India, New Delhi. (Citato a p. 148.)

Charbeneau, R.J.

    2000 *Groundwater Hydraulics and Pollutant Transport*, Prentice
Hall , Upper Saddle River, NJ. (Citato a p. 69.)

Chiesa, G.

    1994 *Idraulica delle acque di falda*, Ed. Flaccovio Dario, Palermo.
(Citato a p. 127.)

Chirlin, G. R.

    1989 «A critique of the Hvorslev method for slug test analisys:
the fully penetrating well», *Ground Water Monitor Rev. 9*,
2, p. 130. (Citato a p. 157.)

Chow, V. T.

    1952 «On the determination of transmissibility and storage coef-
ficients from pumping test data», *Trans Am Geophys Union*,
33, 3, p. 397-404. (Citato alle p. 141, 144.)

Comsol

    2008 *Multiphysics user,s guide, version 3.5. COMSOL, Stockholm,
Sweden*, COMSOL, Stockholm, Sweden. (Citato a p. 148.)

Cooper, H. H. e C. E. Jacob

1946 «A generalized graphical method for evaluating formation constants and summarizing well-field hystory», *Eos
Trans, American Geophysical Union*, 27, 4, p. 526. (Citato a
p. 141.)

Custodio, E. e M. R. Llamas

2005 *Idrologia sotterranea*, Ed. Flaccovio Dario, Palermo, vol. I.
(Citato a p. 127.)

2007 *Idrologia sotterranea*, Ed. Flaccovio Dario, Palermo, vol. II.
(Citato a p. 127.)

Dagan, G.

1978 «A note on packer, slug, and recovery tests in un unconfined aquifers», *Water Resources Research*, 14, 5, p. 929.
(Citato alle p. 158, 161.)

1989 *Flow and transport in porous formation*, Springer-Verlag, Berlin. (Citato alle p. 112, 113, 177.)

1995 «Stochastic modeling of flow and transport: the broad
perspective», in *Subsurface flow and transport: the stochastic
approach*, 2nd IHP/IAHS George Kovacs,UNESCO, Paris.
(Citato a p. 113.)

Darcy, H.

1856 *Les fontaines publiques de la ville de Dijon*, Dalmont, Paris.
(Citato alle p. 61, 67.)

De Marsily, G.

1986 *Quantitative hydrogeology: groundwater hydrology for engi-
neers*, Academic Press, Orlando, FL., p. 1-440. (Citato alle
p. 42, 90, 95, 104, 183.)

Delhomme, J. P.

1978 «Kriging in the Hydrosciences», *Adavances in Water Resources*, 1, 5, p. 251-266. (Citato alle p. 190, 213.)

1979 *Etude géostatistique del la géometrie du réservoir de Chemery á
partir des donées sismiques et de sondages*, rapp. tecn. lhm/r-
d/79/41, Ecole des Mines de Paris, Fontainebleau France.
(Citato a p. 210.)

Déry, R., M. Landry e C. Banville

1993   «Revisiting the issue of model validation in OR: An epistological view», *European Journal of Operational Research*, 66, 168–183. (Citato a p. 117.)

Deutsch, C. V. e A. G. Journel

1992   *GSLIB. Geostatistical Software Library and User's Guide*, first, Oxford University Press, New York, NY. (Citato alle p. 185, 187, 200.)

Di Silvio, G.

1992   «Schemi concettuali e previsioni quantitative in idraulica fluviale», in *Atti XXIII Convegno di Idraulica e Costruzioni Idrauliche, Vol. 5*, Firenze, p. 97-104. (Citato a p. 114.)

Doorebons, J. e W. O. Pruitt

1977   *Guidelines for predicting crop water requirements*, Irrigation and Drainage. Rev 24, USDA, Roma, p. 157. (Citato alle p. 10-12.)

Freeze, R. A.

1975   "A stochastic-conceptual analysis of one-dimensional groundwater flow in non-uniform homogeneous media", *Water Resources Research*, 11, p. 725-741. (Citato a p. 112.)

Galbiati, G. L. e M. Gruppo

1979   «Verifica della validità a livello locale di una legge di essiccamento del terreno agrario», in *III Convegno Nazionale, Catania*, AIGR, vol. 1, p. 7-13. (Citato a p. 13.)

Galli, A. e G. Meunier

1987   «Study of a gas reservoir using the external drift method», in *Geostatistical case studies*, G. Matheron, M. Armostrong e D. Reidel, Hingham, Mass, p. 105-120. (Citato a p. 210.)

Gelhar, L. W. et al.

1979a «Stochastic analysis of macrodispersion in a stratified aquifer», *Water Resources Research*, 15, 6, p. 1387-1397. (Citato a p. 112.)

Giura, R.

1992 «Modello convettivo-dispersivo della dinamica del tra-
porto di massa in mezzo poroso», in *La salvaguardia delle
acque sotterranee – Modelli di processi di trasporto di sostanze
in mezzi porosi naturali*, a cura di R. Giura, D. De Wrachien, S. Troisi, C. Gandolfi e C.N.R C. Fallico, Ed. BIOS,
Cosenza, Italy. (Citato a p. 109.)

Greenberg, J. A.

1971 *Simultaneous flow of salt and water in soils*, tesi di dott.,
Univ. of Calif., Berkeley. (Citato a p. 94.)

Hassanizadeh, S. M. e J. Carrera

1992 «Validation of Geo-hydrological Models - Editorial», *Advances in Water Resources*, 15, p. 1-3. (Citato alle p. 105,
120.)

Helmig, Rainer

1997 *Multiphase Flow and Transport Processes in the Subsurface*,
Springer. (Citato alle p. 56-58, 74.)

Hilton, H. Jr, H. H. Cooper, John D. Bredehoeft e Istavros S. Papadopulos

1967 «Response of finite-diameter well to an instantaneous char-
ge of water», *Water Resources Research*, 3, 1, p. 263. (Citato
alle p. 155, 158.)

Hvorslev, M. J.

1951 *Time lag and soil permeability in ground-water observations*,
Waterways Exper. Sta. Bull no. 36, U.S. Army Corps of
Engrs. (Citato alle p. 155, 158.)

Hyder, Z., J. J. Jr Butler, C. D. McElwee e W. Z. Liu

1994 «Slug tests in partially penetrating wells», *Water Resources
Research*, 30, 11, p. 2945. (Citato alle p. 158, 163.)

Isaaks, E. H. e M. R. Srivastava

1989 *An introduction to applied geostatistics*, Oxford University
Press, New York, p. 1-561. (Citato a p. 185.)

Jackson, R. E.

1980 «Geochemical and biochemical attenuation processes», in *Aquifer Contamination and Protection*, 30, UNESCO, Paris. (Citato alle p. 92, 94.)

Jacob, C. E.

1950 *Flow of groundwater*, Engineering Hydraulics, John Wiley e Sons, New York. (Citato alle p. 127, 132.)

Jeffers, J. N. R.

1991 «From free-hand curves to chaos: computer modelig in ecology», in *Computer Modelling in the Environmental Sciences*, a cura di D. G. Farmer e M. J. Rycroft, vol. 28, p. 299-308. (Citato a p. 120.)

Khan, I. A.

1982 «Determination of aquifer parameters using regression analysis», *Water Resour Bull*, 18, 2, p. 325-330. (Citato a p. 141.)

Kitanidis, P.

1997 *Introduction to Geostatistics: Applications in Hydrogeology*, Cambridge University Press, Cambridge. (Citato alle p. 176, 185, 190, 193.)

Konikow, L. F. e J. D. Bredehoeft

1992 «Ground-water models cannot be validated», *Adv. Water Resour.* 15, p. 75-83. (Citato a p. 116.)

Leijnse, A. e S. M. Hassanizadeh

1994 «Model definition and model validation», *Advances in Water Resources*, 17, p. 197-200. (Citato a p. 120.)

Matheron, G.

1970 *La théories des variables regionalisées et ses applications*, Cah. Cent. Morphologie Math. Ecole de Mines, Fontainebleau, France, vol. 5. (Citato alle p. 167, 169, 178.)

Matheron, G. e G. de Marsily

    1980 «Is transport in porous media always diffusive? A counter example», *Water Resour. Research*, 16, 5, p. 901-917. (Citato a p. 112.)

Melisenda, I.

    1964 «Sui calcoli idrologici per il terreno agrario: influenza del clima», *L'acqua*, 4. (Citato a p. 13.)

    1970 «Stima delle perdite per evapotraspirazione», in *Atti del I Convegno Intern. Acque Sott*, IAH, Palermo. (Citato a p. 13.)

Mendicino, G.

    1993 *Idrologia delle perdite*, Ed. Patrol, Bologna, Italy. (Citato a p. 75.)

Moinard, L.

    1987 «Application of kriging to the mapping of a reef from wireline logs and seismic data; a case history», in *Geostatistical case studies*, G. Matheron, M. Armostrong e D. Reidel, Hingham, Mass, p. 93-104. (Citato a p. 210.)

Mualem, Y.

    1976 «A new model for predicting the hydraulic conductivity of unsaturated porous media», *Water Resour. Res.* 12, 3, p. 513-522. (Citato alle p. 62-64.)

Neuman, S. P.

    1975 «Analisys of pumping test data from anisotropic unconfined aquifers considering delayed gravity response», *Water Resources Research*, 11, p. 329-342. (Citato alle p. 137, 139.)

Peres, A. M. M., M. Onur e A. C. Reynolds

    1989 «A new analysis procedure for determining aquifer properties from slug test data», *Water Resources Research*, 25, 7, p. 1591. (Citato alle p. 155, 158.)

Pfannkuch, H. O.

1963 *Contribution a l'étude des deplacements de fluides miscibles dans un milieu poreux*, rapp. tecn. 18, Rev. Inst. Fr. Pet., p. 215-270. (Citato a p. 91.)

Raitt, R. A.

1979 «OR and science», *Journal of the Operational Research Society*, 30, p. 835-836. (Citato a p. 118.)

Rinaldo, A.

1991 «I problemi dell'idraulica ambientale», in *Atti XII Corso di Aggiornamento in tecniche per la difesa dall'inquinamento*, p. 159-196. (Citato a p. 112.)

1992 «Idraulica ambientale: fenomeni di trasporto», in *Atti XXIII Convegno di Idraulica e Costruzioni Idrauliche*, Firenze. (Citato a p. 112.)

Salandin, P. e A. Rinaldo

1990 «Numercal experiments on dispersion in heterogeneous porous media», in *Computational Methods in Subsurface Hydrology*, a cura di Springler-Verlag, Gambolati G. et others, Berlin. (Citato a p. 113.)

Scheidegger, E.

1974 *The Physics of Flow Through Porous Media*, Univ. Toronto Press. (Citato a p. 68.)

Shapiro, A. M.

1987 «Transport equations for fractured porous media», in *Advanced in transport phenomena*, a cura di J. Bear e M. Y. Corapcioglu, Nijhoff Pubb., Dordrecht, p. 405-471. (Citato a p. 111.)

Singh, S. K.

2001 «Confined aquifer parameters from temporal derivative of drawdowns», *J. Hydraul. Eng.* 127, 6, p. 466-470. (Citato alle p. 141, 148.)

Smith, L. e F. Schwartz

1980 «Mass transport. A stochastic analysis of macroscopic dispersion», *Water Resources Research*, 16, 2, p. 303-313. (Citato a p. 112.)

Spane, F. A. e S.K. Wurstner

1993 «DERIV: A program for calculating pressure derivatives for use in hydraulic test analysis», *Ground Water*, 31, 5, p. 814-822. (Citato a p. 141.)

Straface, S.

2009 «Estimation of transmissivity and storage coefficient by means of a derivative method using the early-time drawdown», *Hydrogeology Journal*, 17, 7, p. 1679-1687. (Citato a p. 142.)

Straface, S., T.-C. J.Yeh, J. Zhu, S. Troisi e C. H. Lee

2007b «Sequential aquifer tests at a well field, Montalto Uffugo Scalo, Italy», *Water Resources Research*, 43, W07432, p. 3271-3281, DOI: 10.1029/2006WR005287. (Citato a p. 147.)

Straface, S., E. Rizzo e F. Chidichimo

2010 «Estimation of water table map and hydraulic conductivity in a large scale model by means of the SP Method», *journal of Geophysical Research*, 115, B0610, DOI: 10.1029/2009JB007053. (Citato a p. 216.)

Theis, C. V.

1935 «The relation between the lowering of the piezometric surface and the rate and duration of discharge of a well using ground-water storage», *Trans. AGU*, 16th Ann. Mtg pt 2, p. 519-524. (Citato alle p. 50, 51, 127, 141, 142.)

Thomas, G. W.

1982 *Principles of hydrocarbon reservoir simulation*, IHRDC Pbubl., Boston. (Citato a p. 116.)

Thornthwaite, C. W.

1948 «An approach towards a rational classification of climate», *Geogr. Rev. Americ. Geoph. Soc*, 55, 94. (Citato alle p. 9, 10.)

Thorstad, L. Jennifer

2005 *Influence of borehole construction on LNAPL thickness measurements*, rapp. tecn. CA 94305-2220, Geology North Dakota State University Fargo, ND, (Citato alle p. 72, 79.)

Trinchero, P., X. Sanchez-Vila, N. Copty e A. Findikakis

2008 «A new method for the interpretation of pumping tests in leaky aquifers», *Ground Water*, 46, 1, p. 133-143. (Citato a p. 142.)

Troisi, S. e C. Fallico

1992 «Metodi di stima delle grandezze e dei parametri che identificano i processi di trasporto di massa in mezzi porosi saturi», in *La salvaguardia delle acque sotterranee – Modelli di processi di trasporto di sostanze in mezzi porosi naturali*, a cura di R. Giura, D. De Wrachien, S. Troisi, C. Gandolfi e C. Fallico, Ed. BIOS, Cosenza, Italy. (Citato a p. 107.)

Troisi, S., C. Fallico e R. Coscarelli

1993 «La simulazione dell'intrusione marina nelle falde costiere. Applicazioni alla falda di Reggio Calabria», in *Atti del XIV Corso di Aggiornamento di Tecniche per la Difesa dall'Inquinamento*. (Citato a p. 140.)

Troisi, S., C. Fallico, R. Coscarelli e P. Caramuscio

1992 «Considerazioni sulle misure sperimentali dei parametri idrodispersivi di falde sotterranee», in *XXIII Convegno di Idraulica e Costruzioni Idrauliche, 31 agosto–4 settembre 1992*, Firenze, Italy. (Citato a p. 108.)

Troisi, S., C. Fallico, S. Straface e E. Migliari

2000 «Application of kriging with external drift to estimate hydraulic conductivity from electrical-resistivity data in unconsolidated deposits near Montalto Uffugo, Italy», *Hydrogeology Journal of the U.S. Geological Survey*, 4, 8, p. 356-367. (Citato a p. 210.)

Turc, L.

  1978   «Evaluation des besoins en eau d'irrigation, evapotran-
         spiration potentielle», *Ann. Agron.* 1. (Citato a p. 9.)

Van Genuchten, M. T.

  1980   «A closed-form equation for predicting the hydraulic con-
         ducivity of unsatured soils», *Soil Science Society of America
         journal*, 44, p. 892-898. (Citato alle p. 60, 62, 64, 65.)

Van Tonder, G., H. Kunstmann, Y. Xu e F. Fourie

  2000   «Estimation of the sustainable yield of a borehole inclu-
         ding boundary information, drawdown derivatives and
         uncertainty propagation», in *Calibration and reliability in
         groundwater modelling: coping with uncertainty*, a cura di
         Stauffer F. e Kinzelbach W. e Kovar K. e Hoehn E. (eds),
         265, IAHS Publ., IAHS, Wallingford, UK, p. 367-373. (Ci-
         tato a p. 141.)

Wenzel, L. K.

  1942   «Methods of determining permeability of water bearing
         materials», *US Geol. Survey Water Supply Pap.* 887. (Citato
         a p. 127.)

Zlotnik, V.

  1994   «Interpretation of slug and packer tests in anisotropic
         aquifers», *Ground Water*, 32, 5, p. 761. (Citato a p. 163.)

INDICE ANALITICO

Lightning Source UK Ltd.
Milton Keynes UK
UKHW020653081021
391877UK00014B/937